AF607512

DE CORCHOS Y COLMENEROS

La tradición apícola en Arafo

De corchos y colmeneros. La tradición apícola en Arafo

LeCanarien ediciones
Avda. de Canarias, 12
La Orotava – S/C de Tenerife
www.lecanarienediciones.com
674 813 313

Primera edición
Santa Cruz de Tenerife, noviembre 2024

ISBN: 978-84-19694-74-4
DL: TF 552-2024

DE CORCHOS Y COLMENEROS

La tradición apícola en Arafo

Arnoldo Santos Guerra
Ramón A. Rodríguez Bethencourt
Ana C. Martí Duchement
Juan A. Curbelo Rivero

ÍNDICE

PRÓLOGO

Desde tiempos remotos, el ser humano ha mantenido una relación muy estrecha y de beneficio mutuo con las abejas. Al contrario que otro tipo de ganado, no necesitan de amplios espacios para su cobijo, tan solo un tronco hueco y un trozo de terreno idóneo, ni hay que proveerlas de forrajes para su alimento ya que por sí solas se encargan de buscarse el sustento. Una vez domesticadas, proporcionan unos productos tan singulares como importantes para el desarrollo de la vida cotidiana. Obtenemos miel para alimentarnos o la cera que durante siglos sirvió para fabricar las velas que alumbraron las estancias humanas. Además, es un animal indispensable para garantizar la pervivencia vegetal, pues en los entornos agrarios poliniza los cultivos, también muchos de nuestros endemismos como los vistosos tajinastes, y enriquece los ecosistemas en que habitan.

La isla de Tenerife no quedó ajena a este desempeño milenario, ya que hay referencias incluso anteriores a la conquista. A comienzos del siglo XVI existían abundantes enjambres silvestres así como una especie local, la abeja negra, que se diferencia en su color de otras venidas de fuera del archipiélago. No era de extrañar por tanto, que el antiguo Cabildo lagunero dictara normas relacionadas con enjambres salvajes y con la compra de cera, en su afán de regular mediante ordenanzas las actividades sociales y económicas de la isla. Desde entonces se desarrolló toda una cultura en torno a este insecto y a los apicultores, conocidos en Canarias como "colmeneros".

En diferentes asentamientos, elegidos en función de la floración, se instalaron las colmenas, unas estructuras cilíndricas denominadas como "corchos", obtenidos a partir de troncos de palmera, drago, almendrero, pino canario, pitera, eucalipto o acebiño, que a través de antiguas veredas eran transportados a hombros de varones, a la cabeza de mujeres, o a lomos de bestias. Su uso estuvo bastante generalizado hasta mediados del siglo pasado en que se sustituyeron progresivamente por colmenas móviles de origen americano que posibilitan un mejor manejo de los enjambres. Costumbres como la elaboración de los corchos, el traslado de los mismos en función de la disponibilidad de flores o las herramientas utilizadas en todos los procesos, constituyen legados de gran valor etnográfico que es necesario preservar y divulgar.

Además, el mundo apícola guarda otros tesoros, desde muchos puntos de vista, como el histórico, para conocer la evolución de los asentamientos a lo largo del tiempo y su vinculación con la existencia de las personas; gastronómico, al proporcionar un alimento que nos ha acompañado durante milenios; lingüístico, con un vocabulario específico asociado; botánico, con especies vegetales que aportan características diferenciadoras a la miel; religioso, a través de la fabricación de exvotos de cera para promesas, o sanitario, con el propóleo, eficaz para tratar cicatrices, quemaduras, heridas, úlceras o infecciones, incluso la picadura de la abeja se usaba contra el reuma o la artrosis.

Volviendo a la época inmediatamente posterior a la conquista y en el caso concreto de Arafo, los nuevos colonos se asentaron en torno a las mejores tierras de labor y sobre el antiguo poblado aborigen. El principal propietario desde 1503, Gonzalo de Mejías, traspasó agua y tierras al convento agustino del Espíritu Santo en 1509, a cambio de que los monjes orasen por su alma y las de Teresa Mexía, su hermana y de Beatriz de Bobadilla, su prima. El convento estableció contratos con diferentes mercaderes para que construyeran la infraestructura hidráulica necesaria y explotaran el fundo.

La tradición señala a los enclaves de Perdomo y El Aserradero como los núcleos iniciales del pueblo, lo cual se debe a la existencia de manantiales en el cercano barranco de Arafo. Allí la familia Núñez, considerada como fundadora de la aldea, edificó sus casas, si bien se ha considerado también que algo más al norte de esa zona levantó un inmueble, aprovechando la existencia de una fuente. Las huertas se plantaron de cereales, hortalizas y frutales entre los que destacaron los naranjeros, perales, almendreros, higueras y sobre todo las vides, y para aumentar la producción tuvieron que construir un estanque con el objetivo de mejorar la distribución de los regadíos, consolidándose desde entonces el topónimo "Cuesta o Morra del Tanque", que aún se conserva.

En cuanto a la ganadería, se continuaron con las pautas trashumantes heredadas de los aborígenes, destacando por encima del resto en número de cabezas, el lanar y el cabrío. Significó un importante complemento a la dieta alimenticia así como suministrador de materias primas, caso del cuero, a lo que hay que unir la ayuda de los équidos en las prácticas agrícolas, ya sea aprovechando el abono de los estiércoles o en algunos casos como animales de tiro. Y entre todos esos productos, los obtenidos de las abejas supusieron unos complementos indispensables en la vida cotidiana de las familias.

La influencia de los repobladores portugueses fue clave en la introducción de la apicultura en Canarias. Comenzaron a asentarse debido a que encontraban muchas más dificultades para acceder a las colonias que se hallaban bajo el monopolio castellano y al menor desarrollo de las lusitanas. Un buen número de ellos se estableció en el Valle de Güímar, y se dedicaron tanto a trabajos propios del heredamiento de San Juan de Güímar como a la agricultura y apicultura, sobre todo en Arafo y Araya. También colonos grancanarios fueron beneficiados con transmisiones de agua y tierras y entre sus posesiones se encontraban colmenas.

A comienzos del siglo XIX se contabilizaron un total de 100 colmenas en Arafo, con un precio medio de 45 reales, lo que daba un valor total de 4.500

reales. En cuanto a la miel, se producía unos 300 cuartillos con un precio medio de 4 reales, en total, 1.200 reales. La producción de cera era de 4 arrobas con un valor de 225 reales por arroba, lo que daba un valor total de 900 reales. El ayuntamiento quiso tener controlada la actividad apícola, y en ese sentido el alcalde Domingo García ordenó el 28 de septiembre de 1839 a todos los dueños de colmenas que en el plazo de 48 horas entregarán una lista con el número de ellas y el lugar en que estaban situadas, bajo pena de 4 reales de vellón a quien faltare a este deber. La presencia de los insectos también causaba molestias, como las ocasionadas a los cosecheros de vinos, pues se acercaban a los lagares en la época del repiso. Trasladaron una queja al ayuntamiento quien acordó que se podían instalar en una distancia de tres kilómetros del radio de la población. Los trastornos continuaron y a pesar de que en 1918 estaba publicado un bando para la retirada de los corchos de las proximidades del casco urbano, se hallaron cuatro en la finca de Luis Marrero Rodríguez.

Hemos esbozado a modo de aperitivo algunas notas en relación al tema sobre el que gira esta publicación. Pero si queremos saber en profundidad sobre colmeneros, asientos, vegetación, etnografía o toponimia relacionados con la cría de abejas, si estamos interesados en conocer más y mejor una labor secular, de honda tradición en este pueblo, debemos introducirnos de lleno en la lectura de *De corchos y colmeneros: la actividad apícola en Arafo.*

Se trata de un libro escrito por personas profundamente implicadas en el estudio y divulgación de nuestras costumbres y tradiciones. Arnoldo Santos Guerra es botánico y licenciado en Historia, con múltiples publicaciones relacionadas con estos temas; Ramón A. Rodríguez Bethencourt y Ana C. Martí Duchement son montañeros con más de 30 años recorriendo las cumbres de Canarias, investigadores etnográficos y autores de artículos sobre colmenas o la industria del hielo y Juan Antonio Curbelo Rivero, es técnico de medio ambiente del ayuntamiento de Arafo, uno de los mayores conocedores de la orografía del Valle de Güímar y promotor de varios proyectos relacionados con la recuperación de espacios naturales y plantas autóctonas.

Los autores se han centrado en el estudio de la apicultura en Arafo, desarrollada desde los primeros años de la conquista, como hemos dicho, y con un alto número de asientos de colmenas distribuidos por todo el término municipal, algunos de los cuales están abandonados en la actualidad y en los que se podían encontrar corchos tradicionales en buen estado de conservación y distribuidos en un entorno que en sí mismo merece ser recorrido, descrito y conservado. En sus investigaciones han podido recoger testimonios importantes de primera mano que permiten conocer cómo se desarrollaba este cometido en nuestra tierra antes de la introducción y proliferación de las modernas colmenas americanas y los cambios que supuso dicha introducción. Entre esos recuerdos destacan los de Pilar Fariña Albertos, hija del colmenero José Luis Fariña, propietario de unos asientos abandonados con corchos tradicionales, en el enclave de Bijache y cuya visita fue el germen que finalmente ha dado lugar a esta publicación.

Previo a este libro y con todo el material acumulado por los autores sobre la materia surgió un interesantísimo artículo para la revista *El Pajar* titulado "Los asientos de Bijache" y que ahora se ha enriquecido con valiosos contenidos sobre colmenas y colmeneros en Canarias, en el valle de Güímar y particularmente en Arafo.

La obra comienza con un repaso por la producción y el uso de la miel en la antigüedad, continúa con las primeras referencias que hay en documentos sobre su empleo por los aborígenes canarios así como con las citas de Plinio el Viejo en su *Historia Natural*. El siguiente capítulo toca los antecedentes históricos de la apicultura en el Valle de Güímar, para lo cual se mencionan las Datas del repartimiento, los protocolos del notario público Sancho de Urtarte, transcritos por Miguel Ángel Gómez Gómez o los colmeneros que existían en Arafo en 1779, que aparecen registrados en la joya documental que es el padrón de habitantes de la isla de Tenerife de aquel año, conservado en el archivo de la Real Sociedad Económica de Amigos de País de La Laguna. Se recoge también un resumen de cómo fue formándose la población del valle en general y de Arafo en particular, así como los inicios apícolas en el lugar.

En otro apartado se hace un repaso por procesos judiciales derivados de conflictos por la propiedad de colmenas, reclamaciones de deudas, disputas entre apicultores y propietarios de viñedos o ingenios así como decretos y normativas que se dictaron para regular la actividad. Sin embargo, los autores advirtieron que los documentos no revelan el quehacer diario de quienes se dedicaron a esta labor. No cuentan por qué escogieron una u otra ubicación para establecer los asientos, ni cómo este trabajo podía y puede desarrollarse de manera sostenible, ni de las implicaciones positivas que tiene para otros aspectos de la economía cómo la agricultura, al proteger y ayudar a prosperar al más importante polinizador de la naturaleza, la abeja, de ahí que el oficio de colmenero tenga también su espacio en esta publicación. Se describen las tareas que desarrolla, junto con los útiles que emplea, como los antiguos corchos tradicionales, castradoras, estrallas y demás herramientas, terminando por las modernas colmenas americanas y aparejos actuales.

Se incluyen entrevistas de gran interés a varios colmeneros, incluido el actual presidente de APITEN D. Pablo J. Pestano Gabino y a Pilar Fariña Albertos, hija del propietario de los asientos de Bijache. Se describen los asentamientos y sus características, acompañado de una valiosa documentación gráfica sobre plantas melíferas, tipos de corchos y paisajes y se tratan los cometidos de APITEN y de la Casa de la Miel.

Por su emotividad y porque para los autores encierra el respeto y amor por la naturaleza que comparten la mayoría de las personas que se dedican a la recolección de este producto, se ha incorporado un poema titulado "Canto a la naturaleza", escrito por el colmenero José Luis Fariña. La obra concluye con un glosario de términos, una relación de topónimos y la bibliografía consultada.

Gracias a esta documentada y trabajada publicación, podremos adentrarnos en un mundo tan singular como desconocido para muchas personas.

No se trata de un manual para eruditos, sino de un libro de fácil y amena lectura, al tiempo que no exento del rigor propio de otras obras firmadas por los autores. El lector o lectora conocerá lo que la apicultura ha significado durante siglos y significa en la actualidad para Arafo y sabrá cómo viene realizándose esta actividad pecuaria desde los orígenes del pueblo. De ahí la necesidad de preservar un bien tan relevante y la pertinencia de su divulgación por medio de una publicación como *De corchos y colmeneros: la actividad apícola en Arafo*, que nos servirá para conocer, apreciar y valorar en su justa medida todos los trabajos que rodean la crianza y cuidado de las abejas, así como la relevancia de esta especie, al desempeñar un papel indispensable en el desarrollo de la vida humana y del medio ambiente.

Febe Fariña Pestano
Cronista oficial de Arafo

INTRODUCCIÓN

La miel, ese dulce alimento consumido desde la antigüedad, es bien conocido por su importante valor nutricional. La mayoría de nosotros hemos añadido este producto a nuestras infusiones en busca de un rápido alivio de ciertas afecciones, tales como la tos o el dolor de garganta. Pero para que esta miel llegue a nuestras despensas y cocinas antes debe haber sido cosechada. La miel cruda o pura es aquella miel que una vez elaborada por las abejas a partir del néctar de las flores y que, tras el filtrado por parte del apicultor para eliminar impurezas, no ha sido procesada ni tratada de ninguna manera una vez sacada del panal (no pasteurizada) y que, por lo tanto, mantiene todas sus propiedades. No puede fabricarse industrialmente, sólo hay una forma de obtenerla, la recolección de este alimento de las colmenas, naturales o artificiales, dónde las abejas la elaboran y almacenan.

En nuestras islas la apicultura se desarrolló prácticamente desde el final de la conquista y existen multitud de testimonios documentales, tales como los Libros de Datas, Protocolos Notariales, Testamentos, etc., sobre esta actividad en los archivos históricos. Aunque usualmente se trata de escritos que tratan de la propiedad, legado, venta, etc. de los asientos o colmenas desde el punto de vista de la titularidad legal de las mismas. No hablan del quehacer diario de quienes se dedicaron a esta labor; no nos cuentan por qué escogieron una u otra ubicación para establecer los asientos o no nos explican cómo esta actividad podía y puede desarrollarse de manera sostenible, ni de las implicaciones positivas que tiene para otros aspectos de la economía, como la agricultura, al proteger y ayudar a prosperar al más importante polinizador de la naturaleza, la abeja.

Nos hemos centrado en la actividad de la apicultura en el término municipal de Arafo por varios motivos. Primero, por el alto número de asientos de colmenas distribuidos por todo su territorio, en algunos de los cuales, abandonados en la actualidad, aún se encontraban o encuentran corchos tradicionales en buen estado de conservación. En segundo lugar, por la belleza del entorno donde se asientan, que en sí mismo merece ser descrito, recorrido y conservado. En tercero, porque hemos podido recoger testimonios importantes de primera mano que nos acercan a cómo se desarrollaba esta actividad en nuestra tierra antes de la introducción y proliferación de las modernas colmenas americanas y los cambios que dicha introducción supuso para la actividad. Y en cuarto lugar y no por ello menos importante, porque hemos tenido la oportunidad de conocer y hablar con la hija del propietario de unos asientos abandonados, con corchos tradicionales, con un enorme valor cultural y excelente estado de conservación, en el enclave privilegiado de Bijache, dentro del Valle del Volcán o la Caldera de Pedro Gil, vigilado por

El Pico del Valle o Cho Marcial, cuya visita fue el germen que finalmente ha dado lugar a esta publicación.

Esta publicación pretende ser una pequeña contribución al conocimiento y difusión del rico patrimonio etnográfico que posee la Villa de Arafo, en el que destaca la presencia de diversas construcciones (viviendas) de arquitectura tradicional, molinos de agua, lavaderos, eras, pozos de nieve, hornos (brea y secado de fruta), taros, paredes de diferentes materiales, etc., parte del cual, como es el caso de los asientos de colmenas, necesitan de unas medidas urgentes de protección por la fragilidad de los mismos.

LA PRODUCCIÓN Y EL USO DE LA MIEL Y LA CERA EN LA ANTIGÜEDAD

Antes de centrarnos plenamente en el tema propiamente dicho de este libro, el desarrollo de la apicultura en Arafo, hagamos un breve recorrido del desarrollo de esta actividad desde sus inicios que se remontan casi hasta los orígenes de la humanidad.

- Prehistoria (2.500.000–3.500 a.C.):

Son pocas las actividades humanas que continúan desarrollándose en la actualidad, de las que tengamos constancia que fueran realizadas en la prehistoria de forma muy similar a como se llevan a cabo hoy en día. Una de ellas es la apicultura. Existen representaciones rupestres de cómo se llevaba a cabo esta labor. Por ejemplo, en España, la representación más antigua, del periodo Mesolítico, la encontramos en la Cueva de la Araña, en la localidad de Bicorp, Comunidad Valenciana, declarada BIC en 1924 y Patrimonio de la Humanidad de la UNESCO en 1998. En estas pinturas rupestres datadas entre el 9.000 y el 5.000 a.C., podemos apreciar una figura andrógina, recolectora–cazadora, que en lo alto de lo que parece una rudimentaria escala, introduce su mano en una oquedad. En la otra mano lleva un recipiente o zurrón que sin duda usaría para transportar los panales extraídos. A su alrededor vuelan varias abejas que intentan defender la colmena de la amenaza.

La recolección de la miel. Fuente: Fotos archivo Cuevas de La Araña (Bicorp. Comunidad Valenciana).

- Edad Antigua (3.500 a.C.–476 d.C.):

En el antiguo Egipto encontramos referencias a la existencia de colmenas domésticas y abejas desde la Dinastía I (3.100–2.900 a.C.). Para los egipcios la miel era no sólo un alimento delicioso; era un manjar digno de los Dioses; un regalo de su Dios principal, Ra, a la humanidad, tal y como podemos leer en el Papiro Salt 825 conservado en el British Museum (líneas 1-7):

"Ra lloró de nuevo. El agua de su ojo cayó en el suelo y se convirtió en una abeja. Cuando la abeja había sido creada, su tarea fue las flores de cada planta. Así es cómo la cera llegó a ser y cómo la miel llegó a ser de sus lágrimas".

Tenían en tan alta consideración a la abeja que esta formaba parte de la titularidad real, junto con el junco, en el cuarto nombre de entronización del faraón.

¿Qué quiere decir el párrafo anterior? Cuando un faraón ascendía al trono adoptaba cuatro nombres oficiales además del de nacimiento. Estos eran el nombre de Horus, el nombre de Nebti o las dos damas, el nombre de Horus dorado, **el nombre de trono o del junco y la abeja** y finalmente el nombre de nacimiento.

El cuarto nombre es el que incluía al junco y a la abeja; el junco como representación del bajo Egipto, el delta, y la abeja simbolizando al alto Egipto.

Detalle del junco y la abeja en la capilla blanca de Senuseret I (Karnak), Egipto. Fuente: Elisa Castel (Asociación Española de Egiptología).

Ambos símbolos representaban la unión de las dos tierras, nombre que utilizaban para referirse a las dos regiones del reino, bajo el poder del faraón. El párrafo reproducido anteriormente, extraído del papiro Salt, explica por qué escogieron a la abeja para este importante cometido, formar parte de uno de los nombres oficiales del faraón, ya que pensaban que estas provenían directamente de las lágrimas de Ra.

Hasta nosotros han llegado algunos ejemplares de las colmenas que fabricaban, así como muchas representaciones de las mismas en jeroglíficos tanto en papiros como grabados en templos y tumbas. Para construir las colmenas, que eran cilíndricas, utilizaban diversos materiales; barro del Nilo sin cocer, bosta de búfalo y mayoritariamente, arcilla cocida. Para hacer la tapa de estos recipientes fabricaban un disco con barro y paja seca en el que dejaban un agujero en el centro con el objeto de que las abejas pudieran entrar y salir. Estas colmenas las disponían horizontalmente apilándolas en varias hileras. Podían estar unidas entre sí o no.

Colmenas de la tumba de Rejmira (TT100) Luxor, Egipto.
Fuente: Elisa Castel (Asociación Española de Egiptología).

Sin embargo, el uso de la miel en la antigüedad no se limitó a su utilidad gastronómica también eran bien conocidos sus beneficios terapéuticos.

En tratados de medicina de la antigua Mesopotamia se alude a la miel como ingrediente en la elaboración de diversos medicamentos por sus cualidades antisépticas y antiinflamatorias. Así mismo podemos encontrar mención a este producto como principio activo de varios preparados, en papiros del antiguo Egipto, referentes a diversos tratamientos para curar las más diversas enfermedades y dolencias. No era infrecuente su utilización en apósitos como método eficaz para evitar complicaciones en heridas y quemaduras.

Estos conocimientos no se perdieron con la desaparición de estas dos grandes civilizaciones. La civilización griega continuó haciendo uso de la miel como remedio efectivo para la cicatrización, entre otros usos terapéuticos.

Como ejemplo, tenemos el relato que refiere al fallecimiento en Babilonia del general macedonio Alejandro Magno (356–323 a.C.). Su cuerpo fue introducido en un sarcófago y posteriormente cubierto con miel para que se mantuviera incorrupto durante el largo traslado del féretro, del que se apropió el general Ptolomeo, que se lo llevó con él a Egipto para de esta manera dar validez a su autoproclamación como Sátrapa de dicho país. Cuando el féretro llegó a Menfis, tras un periplo de casi 2.000 km., el cuerpo no presentaba signos de descomposición.

El médico Hipócrates (460–370 a.C.) considerado fundador de la Medicina Racional, además del precursor de la ética médica, en su obra *Consideraciones sobre el tratamiento de las heridas,* recomienda utilizar miel para tratarlas y curarlas.

Durante el Imperio Romano la miel continuó siendo considerada una fuente de riqueza. Siguió utilizándose como endulzante e ingrediente principal en la repostería, además a ello se sumó su uso como conservante de los alimentos. El pescado y la fruta eran introducidos en ánforas para a continuación ser cubiertos por completo con miel antes de sellarlas.

Otra muestra del gran valor dado a la miel, incluso como medio de ostentación, nos lo da el siguiente apunte histórico:

El emperador Nerón, famoso por sus excesos, llegó a gastar en uno de sus banquetes 400.000 sestercios sólo en miel (hoy equivaldría a unos 6.000 €).

Pero la miel no estaba sólo al alcance de los patricios, era ampliamente consumida por el pueblo en general y considerada un alimento básico, además de conservante de los alimentos de probada eficacia. El mayor productor de miel y cera del Imperio Romano era Hispania.

Como curiosidad destacamos que nuestra expresión “Luna de miel” proviene precisamente de una costumbre romana. La madre de la novia depositaba en la mesilla de noche de la pareja de recién casados un recipiente con miel para que pudieran recuperar fuerzas. De hecho, los nuevos cónyuges continuaban haciendo uso de este alimento como reconstituyente principal durante todo el periodo inicial del matrimonio, que solía abarcar una luna, unos 28–29 días y de ahí el nombre que aún hoy seguimos utilizando.

Con respecto a sus utilidades terapéuticas, la civilización romana continuó empleando miel como ingrediente en muchos de los remedios y medicamentos elaborados.

Dioscórides escribió en la segunda mitad del siglo I d.C. su famoso libro *De materia Medica*, en el cual siguiendo la traducción publicada por la editorial Gredos, habla extensamente de la miel y sus propiedades, así como de la cera y del Propóleos (págs. 284 a 287. Ed. Gredos).

El ilustre griego Galeno (119–216 d.C), el médico y cirujano más famoso de su tiempo y médico particular de varios emperadores romanos, solía hacer uso de este ingrediente en sus preparados. Como curiosidad podemos destacar su fórmula contra la alopecia a base de abejas pulverizadas mezcladas con miel. Recomendaba frotar la zona afectada con este preparado varias veces al día. Es posible que el veneno de las glándulas de las abejas produjera un aumento del riego sanguíneo en la zona y que los nutrientes de la miel fortalecieran el cabello débil retrasando en algunos casos la desaparición completa del pelo.

- La Edad Media (476–1.492 d.C.):

Durante este periodo histórico, la miel continuó siendo un importante motor para la economía, aunque poco a poco los centros de producción fueron siendo relegados a lugares poco poblados y algo alejados de los centros urbanos cuya densidad de población crecía. De esta manera comenzaron a utilizarse terrenos, principalmente de montaña algo agrestes, con abundante presencia de flores y poco convenientes para la agricultura.

Además de aprovechar la miel para un sinfín de utilidades, aumentó la explotación de la cera, principalmente para la producción de velas que durante esa época comenzaron a constituir la principal fuente de alumbrado artificial, aunque su ámbito estaba limitado casi exclusivamente a los centros religiosos y las familias nobles con gran poder adquisitivo, dado que se trataba de un producto muy caro cuyo costo no podían asumir las clases menos pudientes.

En épocas anteriores las lámparas de aceite cumplían dicha función de manera mayoritaria, pero las velas demostraron ser más eficaces ya que cuando no eran utilizadas podían permanecer apagadas sin pérdida alguna, cosa que no ocurre con los aceites puesto que, aún en pequeña cantidad, van evaporándose y menguando su volumen en los recipientes mientras no son usados.

Durante los siglos XII a XIV, en la Baja Edad Media, hubo un crecimiento importante del número de colmenas puesto que la demanda de miel y cera había aumentado considerablemente al hacerlo la población. A pesar de tratarse de un alimento de considerable precio, era consumido por la población en general. Las clases menos favorecidas, lo utilizaban principalmente por sus propiedades medicinales y como conservador de alimentos. Las clases más pudientes y el clero podían permitirse su uso en la elaboración de dulces y sofisticadas recetas.

Detalle de una miniatura de un bestiario con textos teológicos, Inglaterra, c. 1200 – c. 1210, Royal MS 12 C XIX, f. 45v.

Uno de los ejemplos más conocidos de la elaboración de un producto derivado de la miel es el hidromiel. Aunque de origen tan antiguo como la cerveza o el vino, el periodo de mayor popularidad de esta bebida fue alcanzado precisamente durante la Edad Media. Su proceso de elaboración es muy similar al de la cerveza, si bien en lugar de un cereal y lúpulo, el ingrediente principal es la miel. Esta se fermenta en agua con la ayuda de una levadura. El resultado es una bebida alcohólica de agradable sabor. La gradación puede oscilar entre los 10° y los 20°, pero lo más habitual es una gradación media de entre 12° y 14°. Esta bebida al estar hecha con miel, también cuenta con propiedades beneficiosas para la salud, siempre que no se abuse de ella debido al elevado porcentaje de alcohol.

Con respecto a su uso terapéutico, durante este periodo es de destacar lo que nos ha llegado del insigne sabio y médico persa Ibn Sina (Avicena) (908–1037 d.C.) en su “Canon de la Medicina”, dónde destacaba la eficacia de la miel en el tratamiento de las úlceras profundas e infectadas. También recomendaba hacer un preparado con miel, jugo de cebolla, trébol y grama, para tratar afecciones oculares, señalando que, entre otras cosas, aclaraba la opacidad de la vista.

- La Edad Moderna (1.492–1.789 d.C.):

La apicultura continuó siendo una importante fuente de riqueza durante este periodo. A pesar de la popularización del azúcar como edulcorante y su utilización como ingrediente principal de la mayor parte de las recetas de repostería y pastelería, gracias al cultivo de la caña y elaboración de este producto en el Mediterráneo a comienzos del S. XIV y su posterior extensión a otros lugares como Canarias y América a partir de los siglos XV y XVI, la miel no dejó nunca de ser usada por la población. Continuó siendo considerado un alimento de alto poder nutritivo y energético, además de un remedio para múltiples dolencias al alcance de prácticamente cualquiera, a pesar de su elevado precio. A todo esto se suma el hecho de que cada vez era mayor la demanda de cera para la elaboración de velas. Estas poco a poco habían salido del ámbito eclesiástico y de las casas de los poderosos para extenderse por la práctica totalidad de la población, que las utilizaba como principal fuente de iluminación artificial.

El cuadro *Los apicultores y el cazador de pájaros* de Pieter Brueghel The Elder se pintó en el siglo XVI, cerca del año 1568.

La miel llegó en esta época, tal y como había ocurrido en las anteriores, a ser utilizada incluso como moneda, existiendo documentos en los que figura la entrega de este producto para pagar los diezmos e impuestos, entre otras cosas. Por lo tanto, las colmenas eran consideradas posesiones muy valoradas e importantes. No es raro encontrar documentos en los que figuran entre las propiedades a legar a los herederos, en igualdad de consideración que las tierras de labranza, por ejemplo.

Con respecto a sus utilidades terapéuticas, podemos reseñar las que nos ha legado Paracelso (1493-1541 d.C.) que, entre otras cosas, aconsejaba la utilización de una mezcla elaborada con abejas molidas y miel para calmar el dolor de muelas y otras afecciones de las encías.

En la actualidad continúan haciéndose estudios que parecen avalar que el veneno de las abejas tiene propiedades antiinflamatorias y analgésicas.

Si dichas hipótesis son finalmente demostradas no es de extrañar que ese emplasto realizado con abejas molidas, repletas de su propio veneno, junto con la miel que sabemos desde hace tiempo que tiene sustancias antiinflamatorias y analgésicas, constituyera en realidad un tratamiento muy efectivo para las dolencias de la dentadura y encías.

En nuestras islas se ha utilizado de manera tradicional, las picaduras de abejas manipuladas, para el tratamiento de los problemas asociados a la artritis y el reúma.

Por supuesto, no queremos decir que deba usarse el veneno de abeja, sea canaria o de cualquier otra variedad, de manera indiscriminada y sin control médico para el tratamiento de ninguna afección. Sólo dejamos constancia de que ha sido utilizado el veneno de estos insectos tanto por prestigiosos médicos de la antigüedad como por la población en general como parte de la medicina popular. Como hemos indicado, se están llevando a cabo estudios muy prometedores a este respecto, pero no debemos caer en la idea de pensar que la solución a nuestros males pasa por dejar que nos piquen abejas o permitir que algún pseudo-terapeuta nos ponga un tratamiento con dicho veneno como base. No podemos olvidar el peligro que puede suponer para la salud aplicar una dosis excesiva o incluso la posibilidad de sufrir un shock anafiláctico a causa de alergias sin diagnosticar.

- La Edad Contemporánea (1.789 d.C.–actualidad):

La miel continuó siendo ampliamente empleada en medicina, como hemos visto, hasta la edad moderna, sin embargo, poco a poco se vio relegada en favor de los nuevos antibióticos, antiinflamatorios y antisépticos. Sin embargo, a principios del presente siglo comenzó un lento resurgir de su utilización gracias a multitud de investigaciones, que pusieron nuevamente de relieve la importancia de la miel en la medicina. Podríamos decir que sus cualidades y utilidades terapéuticas fueron redescubiertas gracias, entre otras cosas, a sus propiedades bactericidas en las heridas, especialmente frente a bacterias multirresistentes a los antibióticos.

Podemos nombrar muchas investigaciones y publicaciones al respecto realizadas recientemente y que ponen de manifiesto la eficacia de la utilización de este recurso en multitud de afecciones, como por ejemplo "El rol de la miel en procesos morfofisiológicos de la reparación de heridas" realizado por la Drª. Carolina Schencke, la Drª. Bélgica Vázquez, el Dr. Cristian Sandoval y el técnico médico Mariano Del Sol, publicado en 2016 y que entre otros aspectos destaca las propiedades antibacterianas de la miel, especialmente frente a patógenos resistentes a los antibióticos, como ya hemos mencionado.

Por otro lado, con respecto a la gastronomía, la miel jamás ha dejado de ser utilizada. Es un edulcorante natural que cuenta con la ventaja de aportar, además de dulzor y calorías, vitaminas (C, B1, B2, B3, B5), así como diversos minerales, ácidos orgánicos, aminoácidos esenciales y enzimas necesarias para el correcto funcionamiento de nuestro metabolismo; frente al azúcar que nos aporta gran cantidad de calorías, algunos minerales y vitamina A además de varias del grupo B, aunque en una cantidad muy inferior a las cantidades aportadas por la miel o el caso de los edulcorantes artificiales cuyo aporte nutritivo es inexistente.

Hay multitud de recetas que cuentan con la miel como ingrediente importante, desde las más sencillas en las que simplemente se añade miel a diversas bebidas como infusiones o leche, hasta otras muy elaboradas como las chuletas de cerdo al horno con miel y mostaza. Por supuesto no podemos olvidar el importante papel que este producto sigue jugando en la repostería, panadería y bollería por todo el mundo.

A todo esto podemos sumar la utilización no solo de la miel, sino también de otros productos proporcionados por las abejas como la jalea real, el propóleo y el polen para la elaboración de suplementos alimenticios, reconstituyentes y favorecedores de la salud en general, de venta en farmacias, parafarmacias y herboristerías.

Podemos decir, sin miedo a equivocarnos, que hoy en día, la explotación de las colmenas continúa teniendo un importante valor económico; aunque no sin riesgos, a causa de las amenazas para la subsistencia de los enjambres que suponen algunas enfermedades y parásitos.

APICULTURA PREHISPÁNICA EN CANARIAS

Como con tantos otros aspectos del pasado de las islas, existe muy poca información sobre la realización o no de esta actividad por parte de los aborígenes. No hay constancia arqueológica que nos indique que habían procedido a la domesticación de las abejas. Sin embargo, sí existen algunos testimonios que prueban que los antiguos habitantes de las islas aprovechaban el recurso alimenticio que les proporcionaban los enjambres silvestres.

Enjambre salvaje (www.regenerandosuelos.com).

El primero de estos apuntes nos llega de la mano de Plinio el Viejo (23-79 d.C.), quien en su obra *Historia Natural* cita la expedición ordenada por el rey Juba II de Mauritania, que había tenido lugar el siglo anterior. Entre otras referencias a las islas, relata que en la isla llamada Canaria (Gran Canaria) al parecer por sus grandes perros, habla de que existían edificaciones semiderruidas "Abundando todas las islas..., esta (Canaria) produce muchas palmas datileras, y piñones, y tiene abundancia de mieles..." (Álvarez Delgado, pág 33 Revista de historia nº 69 1945 Tomo 11 año 18).

Aparte de esta mención de Plinio, siglos más tarde, encontramos un apunte en las crónicas atribuidas al conquistador Antonio Sedeño que llegó a Gran Canaria con Juan Rejón. En ellas podemos leer que en Gran Canaria "Miel de auejas tenían mucha, cojíanla la que ella destilaba de los riscos i grutas de peñas onde ai grandes auejeras silvestres" (Sedeño 1507–1640/1978: 372).

También en la historia de la conquista de Gran Canaria que nos ha llegado de Pedro Gómez Escudero, podemos encontrar lo siguiente: "...miel silvestre de auejeras que colmenas no supieron conocer". Según este mismo autor, en Gran Canaria "no sauian sacar la cera" (Gómez Escudero 1639–1700/ 1978: 435).

Colmenas, ejemplo de recolección por métodos primitivos.
Etiopía, Yabelo-Konso. Foto: autores.

Del mismo modo encontramos una referencia que nos llega del siglo XIV. Según recoge Agustín Millares Torres (1826-1896) en su "Historia General de las Islas Canarias" nos cuenta que unos años después de la primera noticia de un desembarco mallorquín en Gran Canaria en 1360, un buque español, sin duda arrastrado por una tormenta, naufragó frente a las costas de la isla. Sólo se salvaron 13 náufragos que fueron rescatados por los habitantes y recibidos por el Guanarteme Artemy Semidan. Fueron alimentados con carne asada, **miel** y gofio. Posteriormente los dejaron en libertad permitiéndoles construir casas. Aunque esta buena relación acabó 11 años después cuando los canarios, hartos de los intentos de adoctrinamiento y bautizo por parte de sus huéspedes, además de los ataques de piratería frecuentes que sospechaban, al parecer con razón, eran propiciados por avisos de algún tipo enviados por los españoles. Los capturaron y ejecutaron arrojándolos a la sima de Jinámar (Agustín Millares Torres. Historia General de Canarias Tomo 2, pág. 70–71).

En 1464 aproximadamente, Diego de Silva se encuentra sitiado en una fortaleza en las cercanías de Gáldar, temiendo por su vida y la de sus hombres. Tras dos días acosados por el hambre y la sed, entabla conversaciones con el Guanarteme Tenesor de Semidan, quien le promete que si rinde las armas y se retira pacíficamente, les proporcionarán alimentos. Así lo hace Diego de Silva. Los canarios ofrecen al ejército rendido carne, gofio, manteca, leche, **miel** y dátiles.

Hablando de la alimentación de los aborígenes nos cuenta que tenían **miel de abejas**, manteca, leche, harina de cebada (gofio), dátiles, higos y zarzamoras, además de abundancia de pescados y mariscos (Agustín Millares Torres. Historia General de Canarias. Tomo 2, pág. 239).

G. Frutuoso (c.1590). Menciona la miel al referirse a las islas de Tenerife y La Palma, pero su comentario más interesante alude a la presencia en La Gomera de la flota española en 1554: "...no faltó nunca a los españoles ... ni azúcar, ni conservas y con tanta abundancia que se pudieron llevar miel de abeja, velas de cera, sebo, legumbres... gofio de los molinos... pues aquella masa de cebada amasada con miel y aceite, nutre, purifica y engorda por su excesiva energía" (Trad. P. Nolasco Leal Cruz, 2004: 205).

Las únicas islas en las que no se encontraron abejas y además no fue posible su introducción tras la conquista fueron Lanzarote y Fuerteventura tal y como refiere Abreu Galindo "No hay en ellas abejas ni se han podido criar, aunque se han llevado de las demás islas" a causa de "...la llaneza de las islas y correr grandes vientos" (Abreu, 1590–1632/ 1977: 59).

También este autor hace mención al interés de la madera de drago para la construcción de corchos ya que "...es la madera dél muy fofa y liviana, y así sirve para corchos de colmenas y para hacer rodelas" (Corrales & Corbella, 2001: 444).

En su obra *Historia de las siete Islas Canarias* Tomás Arias Martín de Cubas (1643-1704) hace la siguiente descripción de la isla de Gran Canaria:

"Es Canarias de muchos montes, árboles, fuentes, arroios, y por onde quiera mucha agua, riscos mui puntiagudos, tiene de largo 12 leguas, de ancho once, tiene muchas aves silvestres, ganados menores, árboles silvestres, por fuera blancos y dentro colorados, diferentes mucho a los de España el fruto de ellas, sus moradores muchos y diestros en la pelea, abunda de todo género de legumbres y granos, **miel silvestre de avejeras en grutas de los riscos que suelen destilar por ellos**".

En la isla de Tenerife, según recoge Elías Serra Ráfols (1898-1972) en su obra Acuerdos del Cabildo de Tenerife, el Cabildo de la isla comenzó a realizar un control de toda colmena salvaje al menos desde 1503, es decir sólo seis años después de finalizar la conquista (Serra Rafols, E. 1949: 54).

En la obra *Las Ordenanzas de Tenerife* de José Peraza de Ayala que recoge la recopilación hecha por Núñez de la Peña en 1670, se dicta una relativa a "Que no aya colmenas entre los cañaberales", en la cual se lee: "Y ten que ninguna persona sea osada de tener colmenas entre cañaverales, que no sean suyo, ni par de ingenio alguno con media legua alderredor (sic), so pena de medio real por cada colmena,..." (Peraza de Ayala, 1976, pág. 179). Se refiere a las plantaciones de caña de azúcar cultivada para la elaboración de azúcar en los ingenios.

Glas, G. (1764) refiriéndose a El Hierro dice: "La isla produce mejores pastos, hierbas y flores que en otra cualquiera de las otras islas, de tal forma que aquí prosperan y se multiplican extremadamente las abejas, que producen miel excelente". Mientras, para La Palma nos comenta: "Hay aquí gran abundancia de miel, particularmente en aquellas colmenas que se encuentran a distancia de las viñas y de los mocanes (una fruta parecida a la baya de un saúco), pues ambas tienen mal efecto sobre su color".

Por su parte, D. Juan Bethencourt Alfonso (1847-1913) en su obra *Historia del pueblo Guanche* (Ed. 1994, tomo II, pág. 423) afirma que en Tenerife existían gran cantidad de abejeras salvajes por lo que los guanches debieron hacer uso de este recurso con frecuencia. "La cantidad de miel de abeja que recolectaban debió revestir verdadera importancia, pues eran tantos los abejares salvajes que a raíz de la conquista constituyen un arbitrio municipal, como consta en los acuerdos del Cabildo".

Como curiosidad hemos de mencionar la observación de corchos elaborados con ramas de drago (*Dracaena draco* subsp. *ajgal*) en comunidades bereberes del Anti Atlas marroquí. Sería una forma fácil de prepararlos para las poblaciones aborígenes canarias. Aunque hasta el momento no se han encontrado prueba documentales ni arqueológicas que nos indiquen que llegaron a hacerlo.

ANTECEDENTES HISTÓRICOS DE LA APICULTURA EN EL VALLE DE GÜÍMAR O DE LAS HIGUERAS

Las primeras referencias que podemos encontrar del poblamiento del Valle de Güímar son de fecha temprana. Esto no es de extrañar dado que el Menceyato pertenecía a los conocidos como bandos de paces, lo cual ofrecía una cierta garantía para quienes quisieran asentarse en esos territorios. Como ejemplo de este poblamiento temprano sirva el siguiente extracto extraído de la obra de Serra Rafols.

"El 10 de julio de 1503 el Adelantado dio a Gonzalo de Mejías de «Una agua con toda la tierra que pudiere aprovechar en el Valle de Las Higueras, más adelante del heredamiento de Blasyno..." (Serra Rafols, E. 1978, pág. 55).

Esta zona se corresponde, según Febe Fariña Pestano, con el curso de agua que discurría por el barranco de Añavingo y las tierras que consiguiesen regar.

El municipio de Arafo ocupa una posición central en el Valle de Güímar o antiguo Valle de las Higueras. Históricamente enclavado en el *Menceyato* de Güímar.

En 1496 con la incorporación de Tenerife a la Corona de Castilla, el Adelantado Alonso Fernández de Lugo procedió al reparto de tierras y aguas entre los conquistadores, implantando un gran ingenio azucarero en el Valle de Las Higueras. Otorgando gran cantidad de estas tierras y aguas a comienzos del siglo XVI a D. Gonzalo de Mejías y a D. Hernando de Fuentes.

Una lectura de los documentos históricos, conservados en los diferentes archivos de la isla, es suficiente para comprender que la apicultura comenzó a desarrollarse en el territorio poco después de finalizada la conquista en la isla de Tenerife que, como bien sabemos, tuvo lugar en el año 1496. Los primeros datos registrados en torno al establecimiento de asientos de colmenas datan de 1500.

En el Valle de Güímar, en concreto, hay indicios de esta actividad ya desde dicha fecha. En la obra de D. Elías Serra Rafols, las Datas de Tenerife, de 1978, podemos encontrar mucha información sobre el uso que se dio desde un principio a las tierras que el Adelantado entregó, a diferentes participantes en la Conquista, como recompensa en los repartimientos. En la que reproducimos a continuación, que como hemos indicado tiene fecha de 1500, localizamos la primera referencia de la que tenemos noticias acerca de la instalación de asientos de colmenas en la zona que nos ocupa.

En esta Data en concreto podemos leer:

"Juan Navarro, mi criado. Para un **colmenar** en Goyma en el río a la cabeçada encima del Mocanal y 3 f. de sembradura q. sean en el río para q. hagáis una guerta... porq. fuistes conquistador". 27-VIII-1500 (Serra Rafols, E.: Las datas de Tenerife (libros I al V de datas originales). Fontes Rerum Canariarum XXI. Instituto de Estudios Canarios. La Laguna. 1978, pág. 54).

Tan sólo 3 años más tarde, es decir, en 1503, encontramos otra data en la que se asigna un lugar destinado al asiento de colmenas también en el valle de Güímar:

"Rodrígo Montañez. **Un asiento para colmenas** en el mocanal de Guymad al pie de la sierra con 150 pasos a la redonda de monte q. no vos puedan cortar la rama ni monte ni entrar en elo [ello]". 18-X-1503 (Ibidem Doc. 115-30, pág. 40).

En 1505 el adelantado hace entrega de un nuevo asiento en dicho valle tal y como figura en la siguiente data:

"Juan Biscayno. Un pedaço de ta.[tierra] de 3 f.[fanegadas] al cabo del lomo de Aguymar, junto con las cuevas q. vos di y el **asiento** donde están las cuevas para **colmenas**". 19-XI-1505 (Ibidem 741-22, pág. 154).

También en este mismo libro encontramos una Data con fecha de 1509 que dice lo siguiente:

"Diego de Tor. [Torres] Un c. en Goyma, linderos el barranco del auchón de las cuevas de Ticayca [Chacaica] y de la parte de abajo un drago... y allí mismo vos doy un **asiento para colmenas** q. está en el dho drago...". 13-VI-1509 (Ibidem Doc. 1253-1, pág. 241-242)

Un poco más tarde, en el año 1512 fue concedido otro asiento de colmenas en el valle tal y como podemos leer en la siguiente data:

"Guillén Castellano. **Un asiento para colmenar**... en descendiendo la cuesta de la Candelaria hacia arriba donde están nueve palmas altas que en el valle q. se dize de Egueste". 26-IV-1512 (Ibidem Doc. 145-22, pág. 46).

Continuando con la revisión de estos documentos y avanzando en el tiempo, llegamos al año 1524 para leer la siguiente referencia sobre un asiento que se encontraba no sólo en el Valle de Güímar, sino además dentro de los límites del actual municipio de Arafo ya que menciona claramente el barranco de Añavingo:

"Al Bachiller Pero Fernandes, regidor y a Diego Alvares, vº morador en Tegueste. Desde el barranco de Anabingo, donde mora Rodrígo Hernandes canario, hasta Irsane e Vocona que es en el bando de Guymar en que podaís tener todas las **colmenas** que querrais". 7-VI-1524 (Ibidem doc. 1877-40, pág. 361).

Estos ejemplos no son los únicos que podemos encontrar en las Datas del Repartimiento en relación con la concesión de asientos para colmenas en el Valle de Güímar. El Adelantado concedió gran cantidad de ellos en el valle. No es nuestra intención hacer un repaso de las Datas del repartimiento, tan sólo dejar constancia del temprano establecimiento de la actividad apícola en la zona que nos ocupa. Por lo tanto queda claro que desde un primer momento se consideró que la zona era muy propicia para el desarrollo de la apicultura y desde el inicio del asentamiento de estos nuevos pobladores los colmenares formaron parte del entorno. Desde un primer momento la apicultura se desarrolló en todo el Valle de Güímar siendo una parte fundamental de la economía de muchos de sus habitantes.

Antes de centrarnos en el tema que nos ocupa, el estudio de la apicultura en el Valle de Güímar en general y de la Villa de Arafo en particular, es importante ponernos en antecedentes, comprender cómo llegó a configurarse la sociedad a partir de individuos de orígenes diversos.

A este respecto hemos extraído del trabajo de Don Miguel A. Gómez Gómez, *El Valle de Güímar en el siglo XVI. Protocolos de Sancho Urtarte*, editado en el año 2000 por el Ayuntamiento de Güímar y el Cabildo de Tenerife, que nos ha sido de mucha ayuda, el siguiente fragmento que nos ilustra perfectamente sobre este punto en particular:

"Al analizar la evolución de la población del Valle de Güímar tras la conquista, encontramos varios grupos de pobladores de distinta procedencia. Algunas familias guanches que reciben tierras en la zona o que pastorean por todo el valle de forma trashumante, entre los que se encontraba algún gomero. Al mismo tiempo se incorporan grupos de trabajadores del ingenio, especialistas en azúcar y artesanos, en su mayoría portugueses procedentes del territorio peninsular y de las islas de Azores y Madera; junto a éstos, en menor número aunque con notable presencia, encontramos canarios, «de las islas», así como andaluces, extremeños, gallegos, castellanos, etc. Entre los componentes que van a formar el núcleo poblacional del valle de Güímar, no podemos olvidar la población esclava: berberiscos que procedían del norte de África y negros de Cabo Verde, Senegal o Guinea que llegaban a Canarias. Algunos de estos esclavos eran obtenidos por cabalgadas a las costas africanas o por intercambios en las rutas caravaneras que desde el centro del continente llegaban hasta el norte. Si bien la forma más regular va a ser la compra a traficantes portugueses verdaderos dueños del mercado esclavista. En este grupo podemos hacer mención, siempre como hecho singular atípico, algunos esclavos indios que formaban parte del patrimonio de la hacienda de Güímar, como se refleja en un inventario de 1572.

El grupo más numeroso de los repobladores lo forman los portugueses, tanto continentales como insulares, y que formaban con frecuencia grupos familiares completos, dedicados especialmente a trabajos especializados en el ingenio [azucarero]. Algunos instalan su casa y viven en las tierras del heredamiento, otros se ocupan como labradores y **colmeneros** entre Arafo y Araya, tomando a censo las tierras que allí tenían los Agustinos" (Fragmento pág. 18).

Esta población de orígenes tan variopintos no era una excepción, sino la norma en los poblamientos de las distintas localidades de la isla. Tras la conquista castellana fueron muchas las personas que acudieron a asentarse en Tenerife desde diferentes lugares en busca de un sitio donde hacer fortuna o al menos labrarse un porvenir.

Otro grupo humano a tener en cuenta es el de la población esclava, que llegó por la fuerza como simple mercancía para su venta o como una propiedad más de sus amos.

Además todos estos migrantes de orígenes tan diversos convivieron y se mezclaron con la población aborigen.

Bajo la denominación "de las islas" se engloban no sólo los aborígenes propios de Tenerife (guanches), también había grupos de gomeros y "canarios" (de la vecina Gran Canaria) que se beneficiaron de los repartimientos al haber colaborado en la conquista de la isla. Así mismo aquellas personas nacidas en Canarias tras la conquista, recibieron el apelativo "de las islas" independientemente de la procedencia de sus progenitores.

Quienes llegaron al Valle desde sus lugares de procedencia trajeron consigo, no sólo sus enseres, también sus costumbres, tradiciones y como no, sus profesiones y los usos de sus lugares de origen para realizarlas. De esta manera, al aprovechamiento de los terrenos para labores de ganadería y agricultura, se sumó en poco tiempo la producción de miel, oficio, como bien sabemos, de dilatada trayectoria en las tierras de origen de estos nuevos pobladores.

Hacemos ahora referencia al libro de D. Febe Fariña Pestano "Historia de Arafo", publicado en 2018, que nos sirve para ilustrarnos no sólo de la gran variedad de orígenes de los pobladores del Valle de Güímar tras la conquista, sino también del temprano establecimiento de la apicultura como importante fuente de riqueza en la zona. Del citado libro extraemos el siguiente texto:

"Los portugueses representaron el mayor número de pobladores, debido a que encontraban muchas más dificultades para acceder a las colonias que se hallaban bajo el monopolio castellano y al menor desarrollo de las lusitanas. Se establecieron en el Valle de Güímar y se dedicaron tanto a trabajos propios del heredamiento, como a la agricultura y la **apicultura** sobre todo en Arafo y Araya" (pág. 60).

Esto viene a indicarnos que los migrantes portugueses tuvieron serias dificultades para establecerse en algunos asentamientos ya en desarrollo, tales como San Cristóbal de La Laguna o Santa Cruz de Tenerife, al estar bajo control directo de los colonos castellanos, por lo que tuvieron que elegir otros lugares de la isla, aún apenas sin poblar, para afincarse. Uno de estos enclaves elegidos fue el Valle de Güímar.

Pero, tal y como ya hemos mencionado, la población del valle no sólo estaba conformada por personas que habían llegado hasta la isla desde tierras más o menos lejanas en busca de fortuna. Un contingente de la población lo constituían guanches de los denominados "bandos de paces", es decir, que colaboraron en la conquista en el bando de los ejércitos castellanos. Como pago por los servicios prestados recibieron tierras en propiedad, además de ser bautizados adoptando en adelante un "nombre cristiano". Tal es el caso del siguiente personaje al que hacemos alusión ahora y cuya referencia hemos extraído de la obra de D. Miguel Á. Gómez Gómez.

Pedro de Güímar. Pedro Miguel–Pedro Miguel

Tal y como D. Miguel apunta en su libro, nos encontramos ante un ejemplo de familiar de guanches del Bando de Güímar que siguieron habitando en la zona tras la conquista y quienes, como ya hemos indicado, se beneficiaron de un reparto de tierras como pago por su colaboración durante la conquista. Aunque no exista ninguna prueba documental que indique que este personaje estuviera emparentado con el Mencey de Güímar sin duda si era un miembro relevante dentro de la sociedad aborigen ya que contrajo matrimonio con Doña Isabel de Abona, hija del Mencey de dicha comarca.

El hijo de ambos recibió el nombre de Pedro Miguel. Este a su vez, contrajo matrimonio con María Hernández quien también debía ser miembro de una familia importante y acomodada, dada la dote que figura en los documentos que al respecto han llegado hasta nosotros.

En relación al tema que nos ocupa, este matrimonio es el que nos interesa puesto que en la tazmía de 1552 se refleja que era morador de Güímar con 10 miembros en su casa. La actividad principal de la familia, siempre según la tazmía, era la ganadería y la agricultura así como **gran cantidad de colmenas que le proporcionaban miel y cera** (pág. 323).

Tengamos en cuenta que la fecha de la tazmía data de 1552, es decir, apenas 56 años tras el fin de la conquista.

No obstante y gracias a las Datas que hemos reproducido con antelación, sabemos que la actividad dio inicio en cuanto se asentaron los primeros pobladores tras el repartimiento. Lo interesante de esta tazmía, en la que se hace un recuento de las propiedades, es que se limita a hacer constar que poseen **gran cantidad de colmenas**, dejando bien claro que se trataba de una explotación importante.

El siguiente apunte también apoya la idea de que el establecimiento de colmenas en el valle llegó a ser muy significativo desde el inicio de su poblamiento.

Anton Albertos

Hijo de Juan Albertos Giraldin, se casó en 1544 con "la guanche" Francisca Pérez, hija de Pedro Miguel y María Hernández. Fue alcalde de Candelaria, muriendo en 1554 de una lanzada, propinada por Antonio González (guanche).

En el documento de la curaduría que pidió Francisca Pérez en octubre de ese mismo año ya que sus hijos eran menores y ella no podía, según las leyes castellanas de la época, asumir la titularidad de los bienes sin la tutela de un varón, figuran entre otras propiedades **200 colmenas en el Mocanal** (nombre que recibía la Ladera de Güímar). Es decir, que en el momento de su muerte en 1554, Antón Albertos ya era propietario de un elevado número de colmenas (pág. 324).

A continuación hacemos una breve reseña de algunos de los protocolos recogidos en el ya mencionado libro de D. Miguel A. Gómez Gómez que nos hablan no sólo de los propietarios de colmenas, sino también del valor que la miel y la cera llegaron a alcanzar.

38. 1573, octubre, 17, sábado–Valle de Güímar. Fol. 97 rº

"Pedro Baez, morador en Arafo, dice que debe a Sebastián González, purgador, morador en Arafo, presente, 222 reales nuevos, por cuatro varas de paño frisado, a 28 reales nuevos la vara, y por **diez botijas de miel de abejas** a ducado la botija, que montan los dichos 222 reales, a pagar en esta isla por el día de San Juan de junio de 1574".

Del referido texto podemos extraer dos importantes conclusiones. La primera, la constancia del establecimiento de una apicultura plenamente consolidada en la comarca en fechas tan tempranas, apenas 77 años tras la finalización de la conquista. En segundo lugar, el alto valor que alcanzaba la miel, ya que cada botija, cuyo volumen solía ser de 2 l. aproximadamente, costaba un ducado, es decir, 11 reales nuevos. El equivalente actual sobrepasaría los 100 €.

70. 1574, marzo, 30, martes–Güímar. fol. 183 rº

"Francisco de Alarcó, morador en el valle y heredamiento de Güímar, por esta carta da poder a Pedro Hernández, mayordomo, presente, para que pueda plantar toda la caña de soca y planta que él tiene y ha de plantar este año arriba de la longera (...) y parte del pago de lo que montare lo susodicho le da cien reales y dos botas de **miel de asiento** de 20 azumbres cada una, a 360 reales nuevos que montan las dos botas de miel (...)".

En esta ocasión este texto da testimonio del uso de la miel como medio de pago en una transacción económica de cierta importancia, ya que se refiere al arrendamiento de un amplio terreno para su explotación. Es decir, la miel era considerada como un valor seguro, como si se tratara de moneda de curso legal (pág. 88).

94. 1574, julio, 8, jueves–Candelaria. Fol. 237 rº

"Francisco González, natural, hijo de Alonso González 110, natural de la isla, difunto, morador al presente en el pueblo de Ntra. Sra. de Candelaria, término y jurisdicción de San Cristóbal de La Laguna. por estar enfermo otorga su testamento. Declara que hace más de seis años que se casó con María Rodríguez, hija de Rodrigo Hernández, natural y le dieron de dote en casamiento cien doblas que ha recibido. **Dice también que entre los bienes que trajo al matrimonio son un colmenar que tendría más de treinta colmenas**, un término de ganado salvaje en Agache y también trajo cantidad de tierras, sitas en Agache que están por partir, como se declarará..." (pág. 99).

Aunque el documento del que hemos extraído el fragmento tiene fecha de 1574, se trata de un testamento. Las colmenas citadas en el mismo, fueron aportadas como bienes al matrimonio 6 años antes por su esposa, por lo que dichas colmenas eran un bien heredado o entregado por el padre de esta y por lo tanto su existencia es anterior a 1568, año del matrimonio, que es la fecha que realmente nos da una idea aproximada de la antigüedad de este colmenar (pág. 99).

Continuando con la lectura de este documento, nos encontramos con lo siguiente.

"(...) Dice que de lo **procedido de las colmenas** mercaron unas casas terreras cubiertas de tejas, en el pueblo de Ntra. Sra. de Candelaria, con su corral, que hubieron de Mateos de Aday y de Damiana Hernández, su mujer, por cuarenta y dos doblas. La carta de venta se otorgó ante este escribano y le debe diecisiete doblas, a pagar en agosto y de ello hay contrato, manda se pague al plazo señalado. Dice que estos son bienes multiplicados así que sacadas veinte y cinco doblas de las **colmenas** que vendió a Mateos Aday, lo demás se divida entre su mujer y él..." (pág. 100).

En este caso, se trata de la adquisición de unas propiedades con las ganancias producidas por las colmenas. Parte del pago de la deuda se realizó mediante la venta a su vez de varias colmenas a Mateos de Aday. Como curiosidad, destacamos el apellido del vendedor de las casas, Aday, que refleja su condición de aborigen converso.

Siguiendo con el análisis de este texto, podemos leer la siguiente referencia.

"(...)Dice que Amador Baez, morador de Arafo, le debe 100 reales nuevos y **una botija de miel**, que valdrá cinco reales, lo cual le dio para que se lo diese en madera hace cuatro o cinco años y no le ha dado la madera, se cobre los reales que son bienes que procedieron de las cien doblas que le dieron en dote" (pág. 100).

En esta oportunidad, nos encontramos ante la reclamación de una deuda ya que en su momento realizó el pago por una mercancía (madera) que nunca llegó a recibir. Parte del pago se realizó mediante una botija de miel valorada, tal y como refleja el documento, en cinco reales. Curiosamente, D. Francisco Gonzales, parece perdonar ese importe ya que tan sólo exige que se devuelva el pago realizado en moneda.

195. 1575, agosto, 2.2., lunes–San Juan De Güímar. Fol. 471, vto°

"Rodrigo Hernández, canario, morador en Chirayca, término y jurisdicción de la ciudad de San Cristóbal de La Laguna, por la presente vende a Alonso Pérez, vecino, presente, **la parte del asiento de colmenas** que tiene en el **colmenar** de dicho Alonso Pérez que Rodrigo hubo de Jorge Hemández, vecino. **El dicho asiento** está en esta comarca de Güímar, el precio de la venta es de 30 reales, que declara haber recibido" (pág.146).

Una vez más, aunque la fecha del documento sea 1575, esta no es la antigüedad del asiento de colmenas citado puesto que se trata de la venta del mismo. Desconocemos si dicho colmenar vendido por D. Rodrigo Hernández a D. Alonso Pérez, procedían de una herencia o si fue el propio Rodrigo Hernández quien fabricó las colmenas, estableció el asiento y comenzó la producción.

271. 1576, octubre, 5, viernes–Güímar. Fol 69 I r°

"Melchor Paez, morador de Arafo, término de San Cristóbal de La Laguna, dice que debe a Alonso Pérez, vecino de esta isla, morador en el valle y heredamiento de San Juán de Güímar, 80 reales nuevos, por **8 botijas de miel de abeja** que le ha dado en la ciudad de San Cristóbal de La Laguna al precio de 10 reales nuevos cada una, porque así valen al presente. A pagar en esta isla de Tenerife, en dineros de contado por el día de San Juan de junio de 1577..." (págs: 193 -194).

De nuevo encontramos a D. Alonso Pérez, el comprador del texto anterior, en un apunte en referencia a la producción de la miel, catorce meses tras la compra de los asientos. En esta ocasión, se trata de un reconocimiento de deuda por parte de un vecino de Arafo por la compra de miel al citado D. Alonso. Este apunte, además, nos habla de nuevo del elevado precio que la miel llegaba a alcanzar, siendo un alimento muy apreciado y costoso, lo que convertía las colmenas y los asientos en una propiedad muy rentable que era preciso cuidar y proteger. La adquisición de estas 8 botijas por 80 reales suponía una pequeña fortuna cuyo cobro aplazado debía ser asegurado mediante un documento oficial.

304. 1577, febrero, 26, martes–Valle de Güímar. Fol. 767 vº

"Juan Díaz, morador en el valle y heredamiento de San Juan de Güímar, término y jurisdicción de San Cristóbal de La Laguna, dice que tiene en términos de Candelaria, del charco que dicen de La Higuera, para arriba, cierta cantidad de tierras (...) de las cuales da a Diego Mora, vecino, morador de Santa María de Candelaria, presente, toda la tierra que está debajo de estos linderos y que le pertenecen (...) Se las da a Diego a partido de a medias, por tiempo de tres años, que comienzan a correr desde septiembre de este año (...) con las cláusulas siguientes... (pág. 211).

Las dos primeras cláusulas hablan del uso de parte de las tierras para labranza, lo cual no es el asunto que nos ocupa. A partir de la tercera encontramos datos relevantes para nuestro estudio.

* Durante los tres años le da un **docena de colmenas** con sus corchos en dichas tierras y Diego de Mora ha de hacer una pared de piedra seca y bardo alrededor como corral, a su costa y lo ha de curar y guardar y lo que de ello procediera de miel y cera lo han de partir de por medio, pagando primeramente el diezmo y este primer año, en agosto, Juan Díaz ha de dar todos los corchos que fueran menester para coger los enjambres que procedieran de la colmena y otras partes.

* Los dos últimos años de 1578 y 1579 los corchos necesarios lo han de poner de por medio a su tiempo y sazón y lo que procediera de las colmenas y enjambres lo han de partir de por medio en cada año la miel y la cera, pagando primero el diezmo.

* Cumplidos los tres años del partido de las colmenas, los enjambres que se hubieren multiplicado lo han de partir de por medio con los corchos y casas en que estuvieran y las colmenas que estuvieran vivas y que Juan Díaz da por capital son del dicho Juan Díaz, fuera de los enjambres. La partición se ha de hacer en Ntra. Sra. de Candelaria, dónde están las colmenas, en agosto de 1579. Dice que el partido de las colmenas y enjambres se cumple en agosto de 1580 y si alguna se muriese, dando Diego de Mora el corcho y lo que dentro estuviera, no está obligado a dar otra cosa (pág. 212).

En esta ocasión nos encontramos con un contrato de arrendamiento de unos terrenos para ser explotados tanto agrícolamente como para servir para la producción de miel y cera. El pago de la renta se realizó exclusivamente en especie, es decir, se entregó parte de la producción al arrendador. En el caso que nos ocupa, es decir, en lo concerniente a la producción de miel y cera, el arrendador aporta una serie de corchos, con sus enjambres, además del terreno, pero es el arrendatario quien debe hacer el asiento propiamente dicho. Transcurrido el tiempo estipulado para el arrendamiento, las tierras regresan a su propietario así como los corchos que entregó originalmente. El resto de corchos y enjambres se reparten a partes iguales. Un contrato muy favorable para el arrendador que además, tras el tiempo estipulado, pasó a ser propietario del asiento levantado con piedra seca.

309. 1577, marzo, 18, lunes–San Juan de Güímar. Fol. 782. vº

"Alonso Perez, morador en el valle y heredamiento de San Juan de Güímar, vecino, por estar enfermo de su cuerpo y sano de la voluntad, otorga su testamento (...).

Declara que tiene un colmenar, en esta comarca de Güímar, con su cercado, tierras y asientos de las dichas colmenas, en que puede haber una fanega y media de tierra de medida de cordel, con su casa, llave, cerradura y horno, que es suyo propio, en dicho colmenar hay **120 colmenas con sus corchos y más la dicha casa donde está el dicho asiento está llena de corchos**" (pág. 215).

El texto se refiere, tal y como podemos leer al inicio, de un testamento. Como parte de sus bienes se nombra el colmenar. Se trata sin duda de una instalación importante no sólo por el número de corchos, sino que además consta de una serie de infraestructuras, casa y horno. El valor de esta propiedad era sin duda muy elevado. De hecho, el texto prosigue haciendo mención al citado colmenar.

"Manda que después de su fallecimiento, habiendo castrado primeramente el dicho asiento, **colmenas**, casa y horno, todo lo que se hallare dentro del dicho cercado se venda en pública almoneda en la ciudad de San Cristóbal y por la autoridad de la justicia se remate en la persona que más por ello diera con preferencia de su compadre Alonso Rodríguez de Güímar" (pág. 215).

Este fragmento hace relación al futuro del colmenar tras su fallecimiento. Encarga que este sea vendido en pública subasta, no sin antes haber sido castradas las colmenas para preservar para su familia una última producción. Da preferencia de compra a su compadre.

Prosigue el escrito haciendo referencia a la producción de las colmenas como comprobamos en el siguiente fragmento.

"(...), dice que también le debe Simón Hernández de Arafo, 13 botijas de **miel** a 9 reales cada una y hace que se las dio cuatro o cinco años, en cuenta y parte de pago de ello le ha dado 40 reales y más una res porcina de 8 reales y más 2 reales en dineros contados, que por todo son 50 reales, y el plazo en el que se tenía que pagar está pasado, que se cobre el resto que le debe, sacando los 50 reales, le debe Juan de Ávila, morador de Güímar 5 botijas de **miel** a 10 reales cada una, que son 50 reales, y para en cuenta y parte de pago de ello ha recibido 1 cuarto de carne de cabra bueno y más un poco de carne de puerco, se cobre lo demás" (pág. 215).

Como parte de las disposiciones de su testamento está dejar constancia de aquello que terceras personas le adeudan. En este caso, botijas de miel. Es sumamente interesante este fragmento porque nos da una clara idea del valor real que tenía la miel. Una botija, que tenía una capacidad media de 2 l., se valoraba entre los 9 o 10 reales, según el escrito, mientras que un cochino adulto, si se tratara de un lechón se especificaría así, tan sólo valía 8.

Prosiguiendo con los reconocimientos de deuda encontramos los siguientes fragmentos.

"Declara que Alonso Rodríguez de Güímar, su compadre, le debe por una parte 6 botijas de miel a 10 reales cada una, y más 6 libras y media de cera, a tres reales cada una, y de esto se ha de sacar el acarreto de la miel que llevaron las bestias del dicho Alonso Rodríguez a la ciudad, que es por todo 20 reales y lo demás manda que se cobre, Luis Horosco de Santa Cruz, le debe 3 botijas de miel, cada una a 10 reales (...) y más 2 veces 4 libras de cera, a 3 reales cada una (...)" (pág. 216).

En este caso, uno de los deudores es su compadre, Alonso Rodríguez, que es a quien más arriba, en el mismo documento, ofrece la preferencia de compra del colmenar.

Una vez más volvemos a encontrar a D. Alonso Pérez en estos protocolos. Se trata de un nuevo testamento:

317. 1577, abril, 28, domingo–San Juan de Güímar. Fol. 803 vº.

"Alonso Perez, (...) Declara que tiene por sus bienes en esta comarca de Güímar, un colmenar con su cercado (...).

Manda que después de su fallecimiento, habiendo castrado primeramente el dicho asiento, colmenas, casa y horno, todo lo que se hallare dentro del dicho cercado, se venda en pública almoneda en la ciudad de San Cristóbal y por autoridad de la justicia y por voz de pregonero se remate en la persona que más por ello diera, con tanto que sea persona lega y llana y el precio por el que se vendiere lo cobren sus albaceas y lo distribuyan en lo que manda en este testamento" (pág. 222).

La modificación que se ha hecho de esta parte del testamento es notoria. Su compadre, D. Alonso Rodríguez, ya no figura como persona con preferencia en la subasta. Podríamos conjeturar que entre los dos compadres existió alguna desavenencia en el plazo de poco más de un mes que separa los dos testamentos. Pero al continuar leyendo el protocolo, comprobamos que dicha conjetura está lejos de ser real.

"(...) Manda que después de su fallecimiento sus albaceas hagan inventario de sus bienes y se venda en pública almoneda el dicho cercado, colmenas, corchos, casa y horno. Nombra albaceas a Francisco Usodemar y a Gonzalo Hernández, labrador y hortelano, vecinos y moradores de la ciudad de San Cristóbal y a Alonso Rodríguez, su compadre, morador en Güímar, a los cuales da poder (pág. 222).

Manda que cuando se hiciera el dicho inventario se haga ante el presente escribano y la castra de la colmena para que se sepa lo que procede de miel y cera de ella para que se pague el diezmo a Dios. La cual dicha castra encarga a sus albaceas la hagan a su tiempo y sazón, con toda la fidelidad" (págs. 222–223).

De estos fragmentos se deduce que no existió ninguna desavenencia entre ambos compadres ya que Alonso Rodríguez figura como albacea que garantice el cumplimiento de las últimas voluntades de Alonso Pérez, es decir, seguía considerándolo digno de confianza.

Finalmente y continuando con la revisión de este protocolo, leemos lo siguiente.

"(...) Manda que hecha la castra de dichas colmenas la miel y cera que procediere de ellas luego sus albaceas lo vendan por lo que justo fuere que no se haga ahogadamente sino que se de noticia para que lo hagan vender por el precio que más aventajado hallaren" (pág. 223).

Esta modificación con respecto al testamento anterior aclara que la venta de la miel y cera debe hacerse buscando el mejor precio posible, indicando que "no se haga ahogadamente", es decir, a toda prisa y aceptando ofertas por debajo del precio real.

452. 1579, marzo, 15, domingo–San Juan de Güímar. Fol. 1094 vº.

"Diego González, labrador, portuguez, morador en el valle y heredamiento de Güímar, vecino, por la presente otorga poder general a Lorenzo Lopez, procurador de causas, ausente, para resolver los pleitos y cobrar todos los mrs. pan, trigo, cebada, centenos, ganados, **miel**, **colmenas**, y otras cosas que le deben (...) (pág. 290).

Nos encontramos con una escritura para conceder un poder sobre los bienes adeudados a un labrador en favor de un procurador. De esta manera este labrador portugués se aseguraba el cobro de las deudas que terceras personas habían contraído con él.

Una vez más estos protocolos nos dejan constancia de la importancia económica de las colmenas y todo aquello que las rodea. Eran consideradas un bien muy importante.

La iglesia no fue ajena al potencial económico que representaban las colmenas. Una muestra de esto no encontramos la siguiente alusión en la obra de D. Miguel Á. Gómez Gómez.

"La comunidad dominica que residía en el convento estaba formada por un prior y dos o tres frailes, tenían esclavos, **colmenas** y tierras (...)

En Araya e Igueste las actividades económicas se centraban en **las colmenas, con producción de miel y cera** (...)" (pág. 48).

Todos estos apuntes nos demuestran que desde un principio, la población asentada en el Valle de Güímar centró buena parte de su actividad económica en la explotación de las colmenas por su alta rentabilidad al ser tanto la miel como la cera, bienes de considerable valor. El Valle incluía a Arafo, como lugar en 1504, luego como lugar real en 1798 y no fue hasta el año 1812 cuando se constituyó como Municipio independiente.

Centrándonos en el municipio de Arafo en concreto, es suficiente un breve repaso al padrón de 1779 en el que figuran las propiedades de los vecinos, para dejar clara la enorme importancia que esta actividad económica llegó a tener en la economía familiar.

Padrón de Arafo de 1779

Anotación marginal: Casa de Pedro de Torres, viudo, nº 126.

"Pedro de Torres, viudo, su edad, 45 años Usa de (la) labranza. Siembra cuatro fanegas de trigo y dos de cebada. Coge ocho pipas de vino. Tiene 20 cabras (y) seis **colmenas**. Pasa regularmente. María, hija del dicho. Su edad, 15 años. Sabe hilar".

Anotación marginal: Casa de Bernardo Hernández, nº 128.

"Bernardo Hernandez, su edad, 54 años. Usa de (la) labranza. Siembra cuatro fanegas de trigo y cuatro de cebada. Tiene un mulo y seis ovejas (y) **seis colmenas.** Coge seis pipas de vino y pasa regularmente.

María Amaro, mujer de dicho. Su edad, 47 años. Sabe hilar, tejer y coser. Cuida de la educación de sus hijos.

Agustín, hijo de dichos. Su edad, 20 años. Ayuda a su padre en la labranza. Es robusto y de buen cuerpo".

Anotación marginal: Casa de Manuel Pérez, nº 145.

"Manuel Pérez, su edad, 55 años. Usa de (la) labranza. Siembra seis fanegas de trigo y cuatro de cebada. Coge doce pipas de vino.Tiene un mulo (y) **ocho colmenas.** Pasa regularmente.

Josefa Fariña, su mujer, su edad, 51 años. Sabe hilar, tejer y coser. Cuida de la educación de su familia.

María Pérez, hija de la dicha. Su edad, 3 años.

Josefa Pérez, hija de los dichos. Su edad, 1 año".

Anotación marginal: Casa de María Jacinta, nº 146.

"María Jacinta, viuda, su edad, 77 años. Se ejercita en hilar y coser y en la labranza. Siembra seis fanegas de trigo y seis de cebada. Coge veinte pipas de vino. Tiene un mulo y un burro (y) **seis colmenas**.

Francisca, hija de dicha. Moza, su edad, 44 años. Sabe hilar, tejer y coser. Sabe leer.

Antonio Pérez, hijo dc la dicha. Mozo robusto. Su edad, 32 años. Ayuda a su madre en la labranza y el manejo de la casa. Sabe leer".

Anotación marginal: Casa de Ángel Bautista, nº 193.

"Ángel Bautista, su edad, 62 años. Su oficio es la labranza. Siembra dos fanegas de trigo (y) dos de cebada. No tiene yunta. Tiene un burro y un cochino. Tiene **cuatro colmenas** y coge cuatro pipas de vino. Pasa regularmente.

Josefa del Cristo, su mujer. Su edad, 60 años. Sabe hilar y coser. Tiene cuidado con la educación de sus hijos.

María, hija de los dichos. Su edad, 34 años. Sabe hilar y coser. Está sin tomar estado.

Ángel, hijo de los dichos. Su edad, 30 años. Ayuda a su padre a la labranza y al manejo de la casa. Está sin tomar estado".

Anotación marginal: Casa de Francisco Ramos, nº 205.

"Francisco Ramos, su edad, 47 años. Su oficio, usa de (la) labranza. Siembra una fanega de trigo y una de cebada. Tiene un mulo (y) tiene veinte ovejas

(y) **cuatro colmenas.** Tiene un cochino. Coge cuatro pipas de vino. Pasa regularmente.

María Bautista, su mujer. Su edad, 35 años. Sabe hilar y coser. Tiene cuidado con la educación de sus hijos.

José, hijo de los dichos. Su edad, 15 años. Su oficio, guardar ovejas

María, hija de los dichos. Su edad, 18 años. Aprende el oficio de su madre".

Anotación marginal: Casa de José Díaz.

"José Díaz, su edad, 47 años. Usa de (la) labranza. Siembra dos fanegas de trigo y de cebada. Tiene un burro, un cochino (y) **siete colmenas**. Coge veinte pipas de vino. Pasa regularmente.

Micaela Bautista. Su edad, 32 años. Sabe hilar y tejer. Cuida de la educación de sus hijos.

Lucas, hijo de los dichos. Su edad, 10 años. No tiene oficio.

María, hija de los dichos. Su edad, 7 años. Aprende a hilar.

Ambrosio, hijo de los dichos. Su edad, 5 años".

En este padrón no figuran grandes explotaciones con un elevado número de colmenas. Se trata de colmenares pequeños, lo suficiente para el consumo de la propia familia y sacar un pequeño rendimiento económico. Son familias humildes sin grandes posesiones. Lo que sí podemos sacar en claro de estos datos es la importancia que la producción de miel y cera llegó a alcanzar en el Valle de Güímar en general y la Villa de Arafo en particular, dónde casi cada familia tenía al menos un pequeño número de colmenas.

Es más que probable que en un principio se procediera a la domesticación de la abeja autóctona que ya existía en la isla, la abeja negra canaria (*Apis mellifera "canariensis"*). Entre otras cosas, porque trasladar un enjambre vivo desde Europa o incluso la cercana costa africana, aunque no imposible y hay pruebas de que así se hizo en más de una ocasión, si habría ofrecido dificultades y existiendo ya una especie de abeja en la isla, perfectamente adaptada al medio, este traslado resultó innecesario, al menos a gran escala. Recoger un enjambre salvaje e introducirlo en un corcho era mucho más factible. A esto podemos sumar que tal y como explicaremos más adelante, la abeja negra canaria, ofrece varias ventajas frente a las especies foráneas, una de ellas y no la menos importante, es su docilidad y facilidad de manejo.

Ya hemos hecho referencia a la existencia de enjambres silvestres en las islas, con la excepción de Lanzarote y Fuerteventura, gracias a los relatos que nos han llegado de los primeros cronistas e historiadores.

Estos primeros colmenares, utilizando enjambres silvestres recogidos del medio natural, probablemente se reprodujeron con facilidad. El número de colmenas domésticas aumentó considerablemente en poco tiempo en toda la isla por lo que se deduce de la documentación conservada en los distintos archivos que hemos consultado. En el valle de Güímar en general y en la Villa de Arafo, en particular, la cantidad de asientos se multiplicó con rapidez. Lo hemos comprobado de primera mano visitando los restos de los antiguos asientos que nos han señalado, algunos continúan incluso en actividad en la actualidad. Otros antiguos asientos que figuran en documentación y en la memoria de algunos colmeneros, sin embargo, han desaparecido por completo a causa de la expansión urbanística, especialmente los de costa.

CONFLICTOS, PROCESOS Y DECRETOS

La convivencia entre los colmeneros y quienes tenían otros intereses no siempre fue pacífica. Para encontrar una de las primeras muestras de este enfrentamiento nos remitimos nuevamente a la obra de D. Miguel A. Gómez Gómez del que hemos extraído un fragmento.

El texto en cuestión, fechado en 1525, está en relación con una queja al Rey realizada por D. Juan Albertos Giraldin, por esa fecha administrador del ingenio azucarero de Güímar, acerca del supuesto daños que causaban el ganado y las colmenas al citado ingenio.

En agosto de ese mismo año y en respuesta a dicha queja, se comisionó al gobernador o juez de residencia de Tenerife para que investigara. Destacamos un extracto de dicho informe en el que encontramos los datos que nos interesan:

"...del incumplimiento de las ordenanzas sobre la prohibición de entrar ganado en las heredades ajenas, de establecer **colmenas** a menos de una legua alrededor de los ingenios, porque perjudican a su ingenio y heredamiento de Güímar..." (pág. 23).

No es la única prueba que podemos encontrar en los diferentes archivos de las islas de los choques que enfrentaron a los propietarios de colmenas con sus vecinos. A menudo este conflicto era fruto de la ignorancia del papel muy beneficioso que juegan las abejas en los ciclos de los diferentes cultivos. Como ejemplo de esto nos puede servir el siguiente pleito que tuvo lugar durante la primera mitad del siglo XIX.

Se trata de los autos seguidos a petición de D. Juan Del Castillo Naranjo, vecino de Santa Cruz, contra los vecinos de Arafo sobre la retirada de colmenas de su propiedad y que está fechado en 1834.

El pleito lo inicia el ya nombrado D. Juan del Castillo Naranjo con fecha 26 de septiembre de 1831. El demandante solicita que se obligue a los vecinos de Arafo a retirar las colmenas de su propiedad para que las lleven a los montes de la jurisdicción en los puntos autorizados hasta que se recolecte el fruto de la vid, que según sus propias palabras, es casi la única fuente de riqueza de la zona.

Es evidente que D. Juan, aunque residía en Santa Cruz, tenía terrenos en el término municipal de Arafo y que estos eran dedicados al cultivo de la vid. Al parecer, de manera tradicional, los colmeneros disponían en zonas cercanas a sus terrenos o incluso dentro de sus límites, asientos dónde colocaban sus colmenas al bajarlas de las cumbres a finales de agosto cuando la floración en las cotas más altas había finalizado. D. Juan solicita que esto se retrase hasta que haya finalizado la vendimia que tenía lugar un poco después de esa fecha.

En un principio se accedió a su petición y se elaboró un decreto con fecha 26 de septiembre de 1831, fecha del inicio del proceso. Por lo tanto se llegó a un fallo realmente rápido y se tomaron medidas sin perder tiempo para proteger los intereses del demandante, que debía ser un personaje de cierto peso e importancia.

No obstante, los vecinos de Arafo apelaron esta resolución pidiendo que se permitiera nuevamente bajar las colmenas de la cumbre a finales de agosto tal y como se había estado haciendo hasta la fecha.

Así el 23 de octubre de 1832 se dictó sentencia definitiva por la que los vecinos mantenían el derecho de bajar sus colmenas de las cumbres en la fecha habitual y colocarlas en los parajes señalados por los peritos, probablemente en un intento de que las ubicaciones no fueran conflictivas.

Don Juan intentó recurrir nuevamente esta decisión. Sin embargo en los documentos que se conservan en el archivo, no consta si dicho recurso fue admitido a trámite, ni cuál pudo ser su resultado (AHPLP-0096 / I–4507).

Es probable que D. Juan hiciera reiteradamente esta petición de retirar las colmenas hasta que finalizara la vendimia ya que existía la creencia de que las abejas "picaban" las uvas maduras para absorber sus jugos.

Hoy sabemos que esto es falso. Si bien algunas avispas pueden llegar a agujerear la piel de las uvas para alimentarse de estas, las abejas no tienen ese comportamiento y no causan daño alguno a los frutos. Más bien es todo lo contrario ya que son las polinizadoras mayoritarias de este y otros cultivos por lo que su presencia está lejos de ser perjudicial.

Otro ejemplo de esta creencia la encontramos en los autos particulares conservados en el archivo Municipal de La Laguna. Se trata de una Provisión de la Audiencia en la que se fija una distancia mínima de 2 leguas entre los asientos de las colmenas y las viñas "por los perjuicios que se causan a estas" (A XXIV–autos particulares 1653-1816).

EL OFICIO DE COLMENERO

Los trabajos principales de un colmenero corresponden a: preparación de corchos y colmenas, elección del lugar para preparar los asientos, mantenimiento y cuidados de la colmena, castración, control de jabardos, trashumancia...

Las labores relacionadas con el cuidado de las colmenas y la producción de miel, llevadas a cabo por los colmeneros, han sufrido algunos cambios con el paso de los años, aunque básicamente se realicen casi de la misma manera desde los orígenes de la actividad.

El corcho

Un corcho corresponde a una colmena primitiva, elaborada a partir de troncos de madera, aunque en su origen, en el sur de la península ibérica, se fabricaban a partir de la corteza (corcho) de los alcornoques (*Quercus sube*r).

Para elaborar un corcho lo más importante era encontrar un tronco de las dimensiones apropiadas, en cuanto al grosor. De un mismo tronco podía sacarse más de un corcho al dividir su longitud en secciones. Podía utilizarse cualquier vegetal de porte arbóreo, aunque la palmera, tanto canaria como datilera, y el drago contaban con la ventaja de ser más fáciles de preparar por ser muy esponjosos y blandos en su interior (no forman madera), muy duraderos y ligeros.

Herramientas para la elaboración de corchos propiedad de Pilar Fariña Albertos. Foto: autores.

Lo primero que debía hacerse para proceder al vaciado era realizar un corte profundo en el centro del tronco con la ayuda de un martillo y un escoplo, por ejemplo o con barrenas de distinto grosor. Tras esto se procedía a ir vaciando el tronco poco a poco. Cuanto más blando y esponjoso fuese el material, más sencillo y rápido sería este proceso, de ahí la ventaja de la palmera canaria (fácil de obtener) y el drago (más escaso) frente a otras materias como el pino canario, por ejemplo. Cuando se llegaba aproximadamente a la mitad de la longitud del corcho se le daba la vuelta procediendo de la misma manera por el otro extremo hasta completar el vaciado. El interior debía quedar lo más suave y liso posible para que las abejas lo encontrarán confortable.

De izquierda a derecha: corchos de palmera, de pitera y de tablas.
Foto: autores.

Colmenas tipo americana. Foto: autores.

Una vez finalizado y refinado el vaciado se instalaban las **tranquillas**. Estas consistían en finas varillas vegetales, tallos de plantas o pequeñas ramas, por ejemplo, que eran colocadas en forma de cruz en varias alturas (generalmente de 2 a 4) a todo lo largo del corcho. Las más utilizadas eran de cardo Cristo (*Carlina salicifolia*), trobisco-torbisca (*Daphne gnidium*) y jara (*Cistus monspeliensis*). La finalidad de dichas crucetas no era otra que la de permitir que las abejas construyeran sus panales.

Detalles de corchos con tranquillas. Foto: autores.

Tras esto tan solo faltaba fabricar el **témpano**, que es el nombre que recibe la tapa que se colocaba en la parte superior, normalmente del mismo diámetro que el corcho o apenas un poco mayor. La finalidad del témpano era evitar tanto la introducción de posibles predadores de las abejas (lagartos, ratones o aves) como el agua de la lluvia, tierra o cualquier otra materia que pudiera dañar la colonia. Encima del témpano se disponía una o varias piedras para evitar que este fuera movido por el viento.

Detalle de un corcho de pino canario cubierto con témpano afianzado con piedra y témpano. Foto: autores.

Se reforzaban con aros metálicos, especialmente en los extremos o zonas más débiles. Si presentaban huecos, estos también eran “remendados” con trozos de lata

El corcho se colocaba en una superficie lo más firme y nivelada posible para darle estabilidad, tratada a veces con cal o cemento. La parte delantera era ligeramente elevada mediante la introducción de alguna laja o ramas para permitir la entrada y salida de las abejas del corcho y minimizar el acceso de predadores.

Hay que diferenciar los corchos provenientes del ahuecamiento de troncos o los elaborados con la base del escapo floral de las piteras (*Agave* spp.), de los construidos usando tablas de pino u otros materiales, con forma columnar, de cuatro lados lisos. Se construían antes de la llegada de las modernas colmenas americanas a mediados del siglo pasado.

Castración (extracción de miel de los panales)

D. José con ayudantes castrando una colmena. Archivo familiar de Pilar Fariña Albertos.

Se conoce con el nombre de castración al momento de la extracción y recolección de la miel de las colmenas. Para esta delicada labor el colmenero debía hacer uso de diferentes artefactos que le permitieran obtener el preciado alimento sin causar daño a la colonia de abejas del corcho a cosechar. Las herramientas o utensilios utilizados durante la castración de los corchos eran el ahumador o soplete, cuchillos, las castradoras y un zurrón de cabra.

Las herramientas del colmenero

Como ya hemos explicado, no existen pruebas, hasta el momento, de un desarrollo de la apicultura entre el pueblo aborigen de las islas, aunque sí del aprovechamiento de las abejeras salvajes. La actividad apícola propiamente dicha fue introducida por quienes vinieron a instalarse en estas islas tras la conquista, ya que los aborígenes, según las crónicas, aprovechaban las abejeras salvajes, sin que se tengan datos de que las domesticaron. Estos nuevos apicultores trajeron sus usos, herramientas y costumbres.

Las colmenas utilizadas desde el inicio de esta actividad en las islas en general y en la localidad de Arafo en particular fueron los denominados corchos tradicionales. El término corcho puede dar lugar a confusión dando a entender que todas las colmenas eran elaboradas utilizando este material extraído de la corteza del alcornoque (*Quercus suber*), árbol introducido en las islas después de la Conquista, asilvestrado en Arafo, Tegueste y otras localidades de la isla.

En realidad, la mayoría de las colmenas tradicionales o corchos se hicieron utilizando troncos de árboles o especies de porte arbóreo, tablas y piteras. Sin embargo, como ya explicaremos más adelante en las entrevistas, si existen casos de corchos fabricados con corteza de alcornoque, aunque no hayamos encontrado ninguno de este tipo.

El ahumador o soplete

Es una herramienta imprescindible para el apicultor incluso hoy en día. El humo aleja a las abejas de la colmena obligando a la mayoría a abandonarla. Las pocas que permanecen en el interior están algo aturdidas por el humo producido normalmente por la combustión de moñicos de burro... lo que reduce el riesgo de picaduras.

Debemos aclarar que con este procedimiento las abejas no sufren ningún daño ya que el humo que se utiliza no es tóxico. Lo último que le conviene al colmenero es dañar a sus abejas.

Ahumador. Foto: autores.

El soplete o ahumador consta de tres partes claramente diferenciadas:

- La tapa, de forma cónica y con un cierto parecido a un embudo. La boquilla se encuentra un tanto descentrada e inclinada para permitir una mejor orientación del humo hacia el objetivo.

- El cuerpo del soplete o ahumador suele ser cilíndrico y es dónde se coloca la materia en combustión que producirá el humo.

- Por último, adosado a un lado del cuerpo, tiene un fuelle que es el encargado de introducir el aire y expulsar de este modo el humo del interior del cuerpo para que salga por la boquilla.

Castradora

Esta herramienta se utilizaba para separar los panales de las paredes del corcho ya que a diferencia de las modernas colmenas americanas en las que estos son móviles, las de los corchos eran fijos y las abejas los adherían firmemente a las paredes y las tranquillas.

Normalmente el colmenero tenía varios tipos de castradoras, cada una ideada para una parte en concreto del proceso de castrado del corcho. Se fabricaban con metal, usualmente hierro y podían tener o no mango de madera para mayor comodidad y agarre.

Castradora propiedad de Pilar Fariña Albertos. Foto: autores.

Castradoras propiedad de Pablo Batista Flores. Foto: autores.

Había castradoras de diferentes tamaños y formas dependiendo de la utilidad que se les diera, como ya hemos explicado, pero principalmente existían dos tipos. Una más larga cuya punta tiene la forma de una espátula, muy adecuada para separar los panales de las paredes del corcho y otra un poco más corta que termina en una especie de gancho o uña doblada perpendicular al cuerpo de la herramienta y cuya finalidad era la de separar los panales entre sí.

Cuchillo

No vamos a describir esta herramienta puesto que es bien conocida y no existía un modelo o tipo concreto de cuchillo utilizado de manera genérica por los colmeneros. Lo que si vamos a hacer es explicar cuál era la utilidad de este utensilio.

Habitualmente los colmeneros hacían uso de cuchillos de diferentes tamaños y formas, según el gusto de cada uno, para la delicada tarea del raspado de los panales para extraer la miel.

Cuchillo propiedad de Pilar Fariña Albertos.
Foto: autores.

Zurrón de cabra

El zurrón no es más que una rudimentaria bolsa fabricada utilizando la piel entera curtida de un animal, en este caso, de cabra (odre). La utilidad del zurrón no era otra que la de servir de receptáculo dónde recoger la miel recolectada en bruto. Esta miel debía colarse para evitar la presencia de cuerpos extraños en el producto final, tales como pedazos de insecto, residuos de tierra o materia vegetal, etc. Para ello en el momento del raspado con el cuchillo para extraer la miel, esta se guardaba en un zurrón como hemos dicho. Posteriormente se vertía poco a poco haciéndola pasar por un colador o tamiz obteniendo de esta manera una miel libre de cuerpos extraños.

Zurrón de cabra para transportar la miel. Colección Pilar Fariña Albertos. Foto: autores.

Estralla

La estralla es una herramienta formada por dos palos, de más de 50 cm, unidos por un extremo adoptando la forma de una pinza de grandes dimensiones.

Este útil se empleaba para la obtención de la cera y el proceso era el siguiente. Una vez se extraía la piel de los panales y si estos no contenían larvas, se hervían ligeramente para ablandarlos. A continuación se introducían en un saco. Este era sujetado o retorcido por dos personas mientras otra procedía a presionar con la estralla cerrándola con fuerza. De esta manera la cera rezumaba poco a poco del interior del saco. Bajo el saco se colocaba un recipiente con un poco de agua de forma que la cera iba goteando y solidificándose.

Estralla propiedad de Pilar Fariña Albertos.
Foto: autores.

Cepillo

En este caso tampoco existe un único modelo genérico. Cada colmenero utilizaba el cepillo de mano que más le gustara. La finalidad de este cepillo no era otra que la de retirar de la manera más suave posible a las abejas que aún estando aturdidas permanecían en el panal del que se quería extraer la miel. Literalmente se usaba para barrer las abejas con suavidad.

Cepillo propiedad de Pablo Batista Flores.
Foto: autores.

Aunque cuando pensamos en un apicultor a nuestra mente acude la imagen de personas cubiertas por unos EPIs (equipos individuales de protección) blancos que los cubren por completo, esto no era así hasta no hace demasiado tiempo. Cada apicultor se procuraba la protección necesaria de manera bastante artesanal, fabricando en muchas ocasiones los componentes que necesitaban. Además de esto nos han confirmado que no eran pocos los que realizaban su labor sin hacer uso de estas protecciones durante la mayor parte del tiempo. Aún así, describimos cómo eran los principales elementos de protección usados hasta hace relativamente poco tiempo.

Traje y elementos de protección

Traje protector

Si bien la mayoría de los colmeneros no usaban más traje protector que la propia ropa, con camisas de manga larga y material grueso, así como pantalones de tejido resistente, algunos cubrían su cuerpo con una especie de traje protector que confeccionaban con tela de saco y que se ponían sobre las propias ropas.

Actualmente los apicultores modernos usan trajes enteros, normalmente a modo de mono, incluyendo capucha y guantes, para su protección frente a posibles picaduras de abejas.

Arnoldo (derecha) ayudando a Francisco González Ortega a castrar una colmena americana. Foto: autores.

Capucha o capirote

Para la protección de la cara y cabeza los colmeneros utilizaban capuchas o capirotes. Estos podían realizarse en diferentes materiales. De manera genérica, el rostro quedaba protegido mediante una tela metálica. El resto de la cabeza se protegía con material textil grueso. En algunos casos se usaba loneta gruesa, en otras ocasiones el material elegido era tela de saco. Hemos encontrado restos de uno de estos capirotes que además de la protección del rostro con rejilla o tela metálica tenía un armazón del mismo material sobre el que aún quedaban restos del tejido con el que en su día estuvo cubierto.

Guantes

Estos debían ser de material grueso para que el aguijón de las abejas no lograra traspasarlos. No existe un modelo en concreto. Cada colmenero utilizaba el que más protección y comodidad le ofrecía.

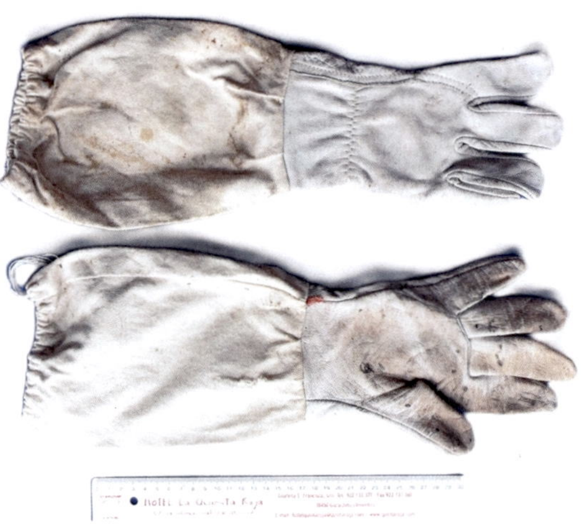

Guantes propiedad familiar de Arnoldo Santos.
Foto: autores.

La actividad apícola se desarrolló durante siglos sin grandes cambios ni en los procedimientos ni en las herramientas hasta bien entrado el pasado siglo XX.

El cambio más importante lo supuso la sustitución de los tradicionales corchos por las colmenas americanas mucho más rentables y cómodas de trabajar. La primera de estas colmenas, en Tenerife, fue introducida, en el año 1940 por D. Antonio Villa y López, maestro nacional de Candelaria pero su popularización se efectuará años más tarde, probablemente en la década de los años 70 del pasado siglo. Para su manipulación se utilizan además otros artilugios como pinzas para extraer y colocar los panales en las colmenas vigilando su estado o para llevarlos a la centrifugadora, manual o eléctrica, para la extracción de la miel, que suele conservarse directamente en botes de cristal.

La castración de dichas colmenas es un proceso más sencillo que el de los típicos corchos y en el que ya no es preciso hacer uso de castradoras. Se extraen los panales que se introducen en la centrifugadora y la miel es recogida ya filtrada. Esto permite más rapidez y eficacia en la extracción de la miel. A esta ventaja se suma la mayor productividad de este tipo de colmenas.

Además de la proliferación de estas colmenas modernas se han introducido abejas importadas que han desplazado en algunas explotaciones a la abeja negra canaria. Sin embargo esto no siempre ha dado buenos resultados.

Foto de panal moderno tipo americano.

La proliferación de enjambres de abejas foráneas pone en grave riesgo la pervivencia de la abeja negra, una especie única que debe ser protegida. Por otro lado, la abeja negra ofrece varias ventajas frente a las especies importadas. El primero es que es parece ser más resistente a las enfermedades propias de su hábitat que otras especies introducidas. Otro punto a su favor es que se trata de una especie poco agresiva, muy dócil, lo que facilita su manejo. En tercer lugar debemos tener en cuenta que la especie lleva, según varios estudios, aproximadamente 200.000 años viviendo en las islas, por lo que está perfectamente adaptada al clima y la vegetación de su entorno. Por estas razones, desde las asociaciones de apicultores de Tenerife y de Gran Canaria, se apuesta por medidas

Abeja negra Canaria en cardo borriquero (*Galactites tomentosa*).

para la protección y reproducción de la abeja autóctona.

"La Abeja Negra Canaria (*Apis mellifera*) es una especie apícola presente en las Islas que ha logrado un excelente nivel de adaptación al medio, y ofrece altos grados de productividad y de mansedumbre, elementos ambos muy valiosos, ya que las producciones de miel son el sustento del apicultor y la ausencia de agresividad es un aspecto esencial en un territorio como Canarias, donde resulta muy complicado habilitar explotaciones alejadas de los núcleos de población.

La Dirección General de Ganadería lleva años trabajando en un plan de recuperación y selección para preservar esta raza autóctona.

Según estudios genéticos realizados a la Abeja Negra Canaria, sus resultados apuntan a un origen africano pero, con su presencia en nuestro Archipiélago desde hace unos 200 mil años, ha originado razas endémicas de las Islas, logrando un excelente nivel de adaptación a nuestro territorio" (https://www.gobiernodecanarias.org/ganaderia/temas/razas_autoctonas/abeja_negra.html).

El Gobierno de Canarias, a través de la Consejería de Agricultura, Ganadería, Pesca y Alimentación ha desarrollado y aprobado medidas al respecto.

La **Orden del 6 de abril de 2001** reconoce la importancia de la abeja negra canaria (*Apis mellifera)* que sería necesario proteger.

Se tomó como punto de partida la isla de La Palma debido al menor deterioro de la especie debido a la hibridación con especies foráneas ocurrido en otras islas. De esta manera se pretendió crear un reducto dónde fuera posible recuperar la especie con la producción de reinas y nuevos enjambres que podrían repoblar el resto de las islas para recuperar poco a poco el terreno perdido.

También se contempló en esta orden establecer colonias en Lanzarote y Fuerteventura por no existir una gran proliferación de la apicultura de manera tradicional, con lo que la hibridación resultaría más difícil, facilitando la recuperación de nuestra abeja.

Esta medida de prohibir la explotación y tenencia en las islas de La Palma, Lanzarote y Fuerteventura de otras especies de abeja distintas de la abeja negra canaria se sumó al **artículo 24 del Reglamento (CEE) 1601/1992** que concede ayudas para la producción de miel de calidad específica de las Islas Canarias producida por la raza autóctona de abejas negras.

Posteriormente la **Orden de 23 de abril de 2014**, extendió estas medidas a la isla de Gran Canaria.

Conocer las herramientas utilizadas tradicionalmente y en la actualidad por los colmeneros, la legislación vigente y las medidas de protección de nuestra especie autóctona es importante, sin duda. Pero para comprender el oficio de colmenero y lo que este implica, nada mejor que hablar con quienes han realizado esa labor durante buena parte de su vida. Para ello hemos entrevistado a varias personas dispuestas a compartir con nosotros sus profundos conocimientos de apicultura y contarnos sus vivencias y recuerdos.

Pero primero hemos de conocer las peculiaridades de este territorio único en el que hemos centrado nuestro trabajo.

EL ENTORNO Y SUS CARACTERÍSTICAS

Descripción física del territorio

El municipio de Arafo se encuentra íntegramente ubicado en el Valle de Güímar, prácticamente en el centro, con 31 km2 de superficie. Morfológicamente es un plano inclinado que asciende desde el nivel del mar hasta los 2220 msnm en las cercanías de Morra la Negrita y que lo convierten en el techo de Arafo. La Villa de Arafo está situada aproximadamente a 470 metros sobre el nivel del mar y es dónde se concentra el mayor número de habitantes del municipio.

Geología y relieve

Dentro del municipio de Arafo, cuya forma recuerda la de un embudo o fonil con su parte más ancha en las cumbres y la más estrecha en su borde costero con unos escasos 2 km de longitud, podemos distinguir diversas zonas (unidades geomorfológicas) bien caracterizadas por su antigüedad e historia. Por un lado las zonas de cumbre, asentadas sobre el Rift NE, uno de los tres ejes sobre los que se ha construido Tenerife, constituyen los interesantes restos de edificios antiguos cuya edad se remonta al menos, de acuerdo a las últimas dataciones a algo más de 800.000 mil años (Carracedo & Troll, 2023), destacando altitudes de las mismas que rebasan en diversos puntos los 2000 msnm, siendo el mayor de ellos las proximidades de la morra de La Negrita con unos 2.200 msnm.

El Valle o Caldera Pedro Gil con El Pico del Valle
y el volcán de Las Arenas. Foto: autores.

En dicha zona destaca la gran Caldera de Pedro Gil o el Valle, producto de fenómenos tectónicos (deslizamiento del Valle de Güímar) y erosivos que alberga en su interior el volcán histórico de Arafo o de Las Arenas (1583 msnm), cuya erupción tuvo lugar en 1705, vertiendo sus lavas laderas abajo hacia las costas del sureste de la isla sin llegar a alcanzar el mar. Los terrenos de medianías al pie de los altos escarpados que constituyen las cabeceras del Pico o Cho Marcial y los barrancos de Gambuesas, Añavingo y Amance dan paso a laderas de suaves pendientes, en general poco evolucionadas constituyendo por tanto terrenos mayormente pedregosos o ser auténticos malpaíses frutos de erupciones relativamente recientes, de pocos miles de años, con pocos elementos montañosos (Media Montaña con 1224 msnm entre ellos) que destaquen. Las pendientes se suavizan en las proximidades del litoral costero formando terrazas derivadas en gran parte de los arrastres de zonas superiores, sin que se vean modificados por la presencia de conos volcánicos como ocurre en las proximidades (Volcán de Güímar).

Barranco de Añavingo con el Lomo de la Abejera en medio.
Foto: autores.

En su red hidrográfica destacan los barrancos, llamados en su conjunto, como de Gambuesas, Añavingo y Amance, bordes orientales del municipio. Además de las rocas basálticas características de las erupciones de tipo estromboliano gran parte del municipio recibió grandes cantidades de materiales piroclásticos ligeros (mayormente pumitas), derivados de erupciones plinianas más explosivas, que dieron lugar a la presencia actual de toscales, empleados en buena parte en la construcción de bancales con sus respectivas paredes de tonos blanquecinos y ocres.

El valle de Güímar es producto de un fenómeno llamado deslizamiento gravitacional que sucedió hace menos de 0.84 Ma. Esto ocurre cuando el terreno presenta una cierta inestabilidad debido a la acumulación de materiales que al alcanzar el punto crítico sufren un corrimiento a lo largo de la pendiente. Debemos aclarar que no estamos hablando de un sólo y gran deslizamiento del terreno, sino de varios desplazamientos separados por periodos relativamente cortos de tiempo, siempre hablando desde el punto de vista geológico.

En el interior encontramos la Caldera de Pedro Gil, o del Valle, en una de cuyas paredes se encuentra el enclave que nos interesa, Bijache. En el interior encontramos la Caldera de Pedro Gil o del Valle, en una de cuyas paredes se encuentra el enclave de Bijache, cuya visita inicial fue el germen del presente trabajo. La caldera de Pedro Gil o del Valle son los restos de un edificio volcánico de considerables dimensiones que colapsó. Si observamos el Pico Cho Marcial o del Valle (2022 msnm), según preguntes a los habitantes de Güímar o de Arafo respectivamente, podremos comprobar fácilmente el origen de la caldera. Pico Cho Marcial o del Valle es una monumental cumbre bien visible desde cualquier punto del valle y que en su cara sureste, la que podemos observar desde el interior de la propia caldera, parece prácticamente vertical, aunque sus paredes están muy erosionadas presentando caprichosas formas; mientras que por la otra vertiente se aprecia claramente la inclinación (buzamiento) que nos indica que en su día fue un volcán de gran tamaño. Todos los estudios geológicos que hemos consultado hablan de caldera volcánica colapsada, no de erosión.

Son dos procesos diferentes. Evidentemente, tras el colapso el terreno ha sufrido la erosión de los agentes climáticos que lo han ido esculpiendo.

La caldera está surcada por varios barrancos poco profundos (Casme o Acasme, de la Hoya, Agua, Boca del Valle o Piedras Quemadas producto de la erosión del terreno por el agua, que confluyen en el de Risco Azul, parte alta del de Las Gambuesas.

Casi en el centro o en su borde meridional sobresale el edificio del volcán de Arafo o Las Arenas antes mencionado. Este volcán monogenético tiene un característico color negro que lo convierte en el objetivo fotográfico de quienes observan el valle desde el mirador de La Crucita y también de todos aquellos que se animan a recorrer sus senderos. Sus lavas no llegaron a alcanzar la línea de costa pero cubrieron amplias extensiones (malpaíses) del municipio.

Flora y vegetación

El paisaje que hoy podemos observar en realidad difiere del que podríamos haber visto de habernos acercado a la zona durante la época del florecimiento de la actividad que nos ocupa, debido a la acción antrópica.

Tengamos en cuenta que en el momento de mayor auge de los colmenares, los viejos pinares que cubrían la mayor parte de La Caldera de Pedro Gil habían desaparecido completamente, de las laderas pedregosas, a causa de la deforestación ocurrida tras la conquista castellana que esquilmaron gran parte de los bosques de la isla para obtener brea, combustible para los ingenios, madera para la construcción, etc y estas se hallaban ocupadas por un denso matorral de escobones *(Chamaecytisus proliferus* subsp. *angustifolius)*; mientras que los escarpes que conforman toda la caldera estaban caracterizados por la presencia de vegetación arbustiva con alta presencia de un tipo de retama amarilla, endemismo de la zona *(Teline spachiana)*, acompañada de un conjunto importante de otros endemismos, en su mayoría insulares o canarios.

Retama amarilla (*Teline spachiana)*, Acasme.

En este entorno del interior de La Caldera, se llevaron a cabo reforestaciones, con pino canario (*Pinus canariensis*), a partir de 1941, de forma que en la actualidad dentro de ella domina un denso pinar con una altura media de unos 10 m que se acompaña con abundancia del escobón antes mencionado, mientras que el retamar de *Teline spachiana* sigue caracterizando las paredes más escarpadas, tanto en los riscos del Pico Cho Marcial o Del Valle, como las laderas que desde Ayesa bajan hasta Boca Barranco junto al histórico volcán de Arafo o Arenas (1705).

El acompañamiento floral del pinar es más escaso frente al retamar, parcialmente motivado por el efecto de sombra que ejerce el pino que dificulta el desarrollo de matorrales diversificados. Por otra parte, en el matorral de retama amarilla y en los escarpes rocosos verticales, junto al colmenar de Bijache, podemos hallar una diversidad florística importante, con diversos endemismos, canarios en su mayoría, varios de los cuales resultan ser de interés melífero, de ahí una de las razones probables para el asentamiento de forma permanente del colmenar en esta ubicación.

Por otra parte, en las cotas más altas o lugares abiertos del pinar, en el borde occidental de La Caldera, se pueden observar especies notables que provienen del matorral de altura (cumbres por encima de los 1900 msnm), como es la retama del Teide (*Spartocytisus supranubius*), el codeso de cumbre (*Adenocarpus viscosus*), el cabezote (*Cheirolophus teydis*) o el alhelí del Teide (*Erysimum scoparium*) junto con la hierba pajonera (*Descurainia lemsii*) que caracteriza las cumbres centrales.

En las laderas, con densa cobertura en la parte oriental, a la abundante retama amarilla la acompaña una alta proporción de tajinastes sureños (*Echium virescens* var. *angustissimum*), junto a la chahorra (*Sideritis orotenerifae*), tomillos (*Micromeria hyssopifolia*), cardo de risco, cabezote o malpica (*Carlina salicifolia*), pajonera canaria (*Descurainia millefolia*), tedera (*Bituminaria bituminosa* vars. *bituminosa y crassiuscula*) como plantas de mayor interés melífero, junto a otras de menor importancia como la nevadilla (*Paronychia canariensis*), varios tipos de veroles (*Aeonium aizoon, Ae. aureum, Ae. smithii, Ae. holochrysum, Ae. spathulatum, Ae. urbicum*), la fistulera de cumbre (*Scrophularia glabrata*) o el rosalito de cumbre (*Pterocephalus lasiospermus*).

Matorrales de escobón, codeso y tajinastes. Cumbre de Los Loros.

No olvidemos que la totalidad del territorio comprendido del municipio se halla situado en las vertientes meridionales de la isla, sector sureste, fuera de la influencia directa de los frescos y húmedos vientos alisios, del norte-noreste, que si llegan a tener efectos notorios en las laderas de Güímar y zonas cercanas como el barranco del Agua y sus vertientes. Por este motivo y salvo esta excepción, al igual que el resto del territorio orientado al sur y oeste de la isla, esta zona carece de uno de los pisos de vegetación más representativos de las islas de mayor altura, la laurisilva y el fayal brezal

No obstante las especiales condiciones medioambientales que se dan en las anfractuosidades de los barrancos de Las Gambuesas, Añavingo, Amance y la zona de Tamey permiten que varias especies características de esa vegetación, tanto árboles (acebiño, laurel, mocan...) como arbustos, se hallen ocasionalmente presentes en estos lugares.

Además de estos reductos puntuales y teniendo en cuenta las alturas que alcanza el municipio, se encuentran representados en él el resto de pisos de vegetación canarios; desde el piso basal con sus cardonales y tabaibales, afectados en gran medida por el desarrollo urbanístico de esta zona. Esta presión urbanística y el escaso territorio costero hace que los cardonales estén prácticamente ausentes, mientras que aún se conservan parte de los tabaibales dulces con el cortejo florístico típico de este piso vegetal.

Nombre científico	Nombre común	IM
Aeonium urbicum var. *meridionale*	Verol	X
Ceropegia fusca	Mataperro	
Euphorbia canariensis	Cardón	
Euphorbia balsamifera	Tabaiba dulce	
Euphorbia lamarckii	Tabaiba amarga	X
Echium aculeatum	Tajinaste (picón), arrebol	X
Kleinia neriifolia	Berode	
Lotus sessilifolius	Corazoncillo	X
Periploca laevigata	Cornical	X
Plocama pendula	Balo	X
Schizogyne sericea	Salado	X

Cuadro con algunas de las especies presentes en el piso basal de cardonal-tabaibal. IM: interés melífero. Fuente: Arnoldo Santos Guerra.

A este piso basal se superpone la vegetación característica de los bosques termófilos con árboles de pequeño porte adaptados a condiciones de altas temperaturas, baja pluviosidad y escasa humedad relativa, todos estos elementos muy significativos de las bandas del sur de nuestra isla. Las especies vegetales más representativas de este piso son la palmera canaria (*Phoenix canariensis*), la sabina (*Juniperus turbinata* subsp. *canariensis*), el acebuche (*Olea cerasiformis*), el almácigo (*Pistacia atlantica*), el peralillo (*Gymnosporia cassinoides*) y el marmolán (*Sideroxylon canariensis*). Algunos de estos son muy raros tanto por la propia evolución de la vegetación como por los aprovechamientos y usos que se hizo de ellos especialmente a raíz de la conquista de la isla.

Jara o jaguarzo (*Cistus monspeliensis*).

Diversas especies arbustivas son propias como acompañamiento del arbolado en este piso de vegetación. Podemos citar entre las más características en el territorio que nos ocupa a los granadillos (*Hypericum canariense*), varios tipos de esparraguera (*Asparagus umbelatus y A. scoparius*), una variedad de de flores blancas de la salvia canaria o garitopa (*Salvia canariensis* var. *albiflora*), la hierba risco (*Lavandula canariensis*). También es posible encontrar algunos elementos ocasionales, actualmente rarísimos en todo el archipiélago como el oro de risco (*Anagyris latifolia*).

En la siguiente tabla se indican varias de las especies que acompañan a los matorrales típicos de ese piso vegetal. En la actualidad y debido precisamente al uso intensivo de estos lugares hay una desaparición casi total del arbolado que podríamos esperar encontrar en este territorio, en el que sobresale la existencia de sabinas dispersas. En general este tipo de vegetación se encuentra distribuido en suaves laderas, mayormente pedregosas, surcadas por barrancos en cuyos escarpes más inaccesibles, las especies más raras han encontrado su refugio. En el resto del terreno abundan los matorrales de jaras blancas o jaguarzos (*Cistus monspeliensis*).

Nombre científico	Nombre común	IM
Artemisia thuscula	Incienso	
Asparagus umbellatus	Esparraguera	X
Bystropogon plumosus	Poleo	X
Carlina salicifolia	Cardo Cristo–malpica	X
Cistus monspeliensis	Jara–jaguarzo	X
Descurainia millefolia	Pajonera	X
Echium virescens var. *angustissimum*	Tajinaste	X
Euphorbia lamarckii	Tabaiba amarga	X
Hypericum canariense	Granadillo	X
Jasminum odoratissimum	Jazmín	
Rumex lunaria	Vinagrera	
Salvia canariensis var. *albiflora*	Salvia canaria	X
Sideritis oroteneriffae var. *arayae*	Chahorra	X
Sonchus microcarpus	Balillo	X
Hypericum reflexum	Cruzadilla	X

Cuadro de algunas especies presentes en el piso termófilo. IM: interés melífero
Fuente: Arnoldo Santos Guerra.

A continuación del bosque termófilo y entrando en contacto con este formando en la transición un bosque mixto, se sitúan los pinares secos. En la zona de transición encontramos ejemplares de pino canario (*Pinus canariensis*) dispersos en las zonas más cercanas a los núcleos de población, abundando en algunos lugares como en los malpaíses orientales, junto con la presencia de sabinas (*Juniperus turbinata* subsp. *canariense*) y algún almácigo aislado (*Pistacia atlantica*).

Al subir en altura el cinturón de vegetación que correspondía al pinar propiamente dicho (monoespecífico) y que alcanzaba las cotas máximas entre los 1.900 y los 2.000 m fue esquilmado en los siglos pasados, como ya indicamos anteriormente, debido al uso intensivo del mismo sometido a diversos aprovechamientos (combustible para los ingenios azucareros, madera para la construcción, explotación de hornos de brea, exportación de la madera, combustible para los hogares, etc.). El pinar actual es debido en su mayoría a las campañas de repoblación realizadas por D. Francisco Ortuño Medina y D. Luís Ceballos a partir de 1941. Por lo tanto, debido a la anterior explotación indebida, la posterior reforestación y la particularidad de estar orientados al sur, estos pinares son en la actualidad bastante pobres en acompañamiento florístico, cosa que no ocurría antes de la conquista castellana ni en los primeros años tras ésta. Aún así es posible encontrar ejemplares de las especies arbustivas típicas del cortejo florístico del pinar, como la jara de flor rosada (*Cistus symphytifolius*), diversas leguminosas entre las que podemos destacar los codesos (*Adenocarpus foliolosus y A. viscosus*), escobones (*Chamaecytisus proliferus* subsp. *angustifolius*), retama amarilla (*Teline spachiana*), tajinastes (*Echium virescens* var. *angustissimum*), chahorras (*Sideritis orotenerifae*), además de otras especies, algunas de las cuales figuran en la siguiente tabla.

Jara (*Cistus symphytifolius*), típica de pinares secos Cumbres de Arafo.

Nombre científico	Nombre común	IM
Andryala pinnatifida subsp. *teydensis*	Estornudera	X
Athamanta montana	Cañaheja blanca	X
Argyranthemum adauctum	Magarsa	X
Bencomia caudata	Bencomia	
Bystropogon origanifolius	Poleo	X
Carlina salicifolia	Cardo Cristo, cabezote, malpica	X
Cistus symphytifolius	Jara	X
Descurainia lemsii	Pajonera	X
Echium virescens var. *angustissimum*	Tajinaste	X
Erysimum scoparium	Alhelí del Teide	X
Lotus campylocladus	Corazoncillo	X
Micromeria hyssopifolia	Tomillo	X
Pterocephalus dumetorum	Rosalito	X
Scrophularia glabrata	Fistulera	X
Sideritis oroteneriffae	Chahorra	X
Teline spachiana	Retama amarilla	X
Tolpis lagopoda	Lechuguilla	X

Ocasionalmente plantas propias del piso cacuminal de vegetación, vegetación de cumbre, en este caso, los retamares del Teide, pueden descender por laderas de barrancos y espacios abiertos, como ocurre dentro de la caldera de Pedro Gil. Entre otras podemos ver a la propia retama del Teide (*Spartocytisus supranubius*), el rosalito de cumbre (*Pterocephalus lasiospermus*) o el llamativo tajinaste rojo (*Echium wildpretii*).

Cañaheja blanca, chahorra, retama del Teide, rosalito.

Debemos tener en cuenta, como ya hemos indicado anteriormente, que hasta fechas relativamente recientes, la caldera de Pedro Gil estaba completamente deforestada al igual que extensos territorios de todas las medianías y cumbres del sur de la isla, dónde por ejemplo, Fasnia llegó a perder todo su arbolado de pinar. La eliminación del pinar tuvo como consecuencia una considerable diversidad florística y un mayor desarrollo y densidad de los matorrales, que es el tema que nos ocupa, contribuyeron a proporcionar unas zonas de mayor interés para la colocación de asientos de colmenas debido a esta diversidad florística existente y la presencia de muchas plantas melíferas, tales como los tajinastes, retamas amarillas, escobones, corazoncillos y hierba pajonera entre otros.

Con esto no queremos decir que debamos volver a la deforestación, nada más lejos de nuestra intención. Lo ideal sería regresar al estado del pinar natural en el que coexisten los pinos con un sotobosque rico y variado y en ese sentido se debe trabajar.

En el piso superior de vegetación dónde suele nevar todos los años, los matorrales de alta montaña, están escasamente representado debido a la poca extensión de municipio que supera los 2.000 m. y presenta las condiciones climatológicas necesarias para el desarrollo de dicha vegetación, limitándose fundamentalmente, a los alrededores de Guadameña y La Negrita, áreas que forman parte del parque nacional del Teide. En la siguiente tabla se indican algunas de las plantas más representativas de este tipo de vegetación que pueden llegar a formar matorrales bastante densos dominados por la retama del Teide.

Nombre científico	Nombre común	IM
Argyranthemum teneriffae	Magarsa	X
Carlina xeranthemoides	Malpica	X
Cheirolophus teydis	Cabezón del Teide	X
Descurainia bourgeauana	Pajonera de cumbre	X
Echium wildpretii	Tajinaste rojo	X
Erysimum scoparium	Alhelí	X
Micromeria lachnophylla	Tomillo	X
Pterocephalus lasiospermus	Rosalito de cumbre	X
Scrophularia glabrata	Fistulera	X
Sideritis oroteneriffae	Chahorra	X
Spartocytisus supranubius	Retama del Teide	X
Tolpis webbii	Lechuguilla de cumbre	X

Hemos de tener en cuenta que todos y cada uno de los pisos de vegetación se vieron sometidos a una degradación paulatina desde los primeros asentamientos guanches, principalmente debido al pastoreo, especialmente de cabras, pero también al cultivo y uso de diversas especies con distintos fines (alimentación, medicinal, combustible, fabricación de utensilios, etc.). Estas actividades se vieron incrementadas en la post conquista, a partir del siglo XVI. Es muy probable que este sea el motivo por el que han desaparecido casi por completo algunas especies, como los dragos silvestres, y que otras sean muy raras en la actualidad, tales como los almácigos, marmolanes o el oro de risco.

Vegetación rupícola

Una mención especial merece la vegetación rupícola que caracteriza los lugares rocosos más escarpados del municipio, en particular las gargantas de los grandes barrancos, los escarpes dentro de la Caldera de Pedro Gil o las laderas exteriores del Pico del Valle hacia Tamay.

Estos lugares presentan una riqueza botánica excepcional sirviendo, por su inaccesibilidad al ganado, de refugio natural. En ellos se encuentran diversos endemismos tinerfeños y canarios pertenecientes a diversas familias entre las que destacan las crasuláceas con varios tipos de veroles o bejeques (*Aeonium* spp.) o de otras familias bien representadas en Canarias como son las Compuestas (incluye algunas margaritas, cabezones, cerrajas, lechuguillas...), leguminosas (retamas, corazoncillos, codesos, escobones...) o crucíferas (coles de risco, alheli...).

Vegetación introducida

En relación al tema objeto del presente libro creemos que es interesante señalar algunas especies vegetales que no pertenecen a la flora nativa del municipio y que tiene relación directa con el mundo apícola. Por una parte, tras la conquista fueron introducidas numerosas especies de interés agrícola del mundo mediterráneo que fueron traídas a las islas (frutales, hortalizas, ornamentales y medicinales). Entre ellas debemos destacar a la totalidad de frutales de dicho origen; higueras, perales, ciruelos, manzanos, naranjos, almendros y viñas entre otros. Estos vegetales están en íntima relación con la labor efectuada por las abejas como polinizadoras que reciben a cambio su recompensa en forma de polen o néctar.

Mención especial merece el castaño, igualmente de origen mediterráneo, que por su ubicación, generalmente a mayor altura que el resto de los cultivos, y por su tardía época de floración constituye un recurso altamente apreciable para las abejas.

También debemos destacar la presencia de encinas y alcornoques, ambos árboles nuevamente de origen mediterráneo de incorporación temprana a la flora insular, probablemente debido a su interés para la alimentación de los cerdos, pero que en épocas de hambruna llegaron a ser consumidos por la población. En el caso del alcornoque, de cuya corteza se extrae el famoso corcho, fue utilizado para la fabricación de colmenas tradicionales que sin duda adquirieron de esta manera el genérico nombre de corcho con el que se las conoce.

Hay otros árboles o arbustos de interés provenientes de América, los aguacateros y la papaya, e incluso de Asia, como los mangos. Estos vegetales fueron introducidos de manera más tardía que los de procedencia mediterránea pero su cultivo se ha extendido con rapidez.

Valoración del impacto tras el incendio

A continuación hacemos una valoración de los efectos del gran incendio iniciado el 15 de agosto de 2023 y que afectó a buena parte de la isla, en los asientos araferos.

Este desafortunado evento tuvo consecuencias desastrosas, entre otras muchas, para los asentamientos de colmenas ya que al afectar a amplias zonas de medianías y cumbres del municipio, con cobertura vegetal abundante de pinares y matorrales, lo hizo asimismo sobre muchos de los asientos en activo puesto que son estas áreas quemadas una de las más importantes, por su diversidad florística para la actividad apícola.

Pozo de nieve, comparativa de la vegetación existente antes y después del incendio de agosto de 2023, detalle aprox. (rectángulo amarillo).

De hecho, varios asientos fueron destruidos por la voracidad del fuego aniquilando, no solo a las colmenas y sus habitantes sino también a la vegetación de diversas zonas, lo cual supone una notable pérdida económica y la espera de un largo tiempo para la recuperación de las faenas apícolas en toda el área del incendio. Por ejemplo, una de las zonas más dañadas, en relación al tema que nos ocupa, fue Guadameña y su entorno, en las cumbres del municipio, una de las áreas relacionadas con la trashumancia anual que practican los colmeneros de Arafo. El incendio quemó extensas áreas de matorrales dominados por la retama amarilla de cuya composición florística hemos hablado con anterioridad y si bien algunas especies vegetales, por tener órganos de supervivencia enterrados (bulbos, rizomas), como las gamonas y las cañahejas blancas, se recuperan con rapidez, la mayoría del resto de la flora tendrá que hacerlo a partir del banco de semillas existentes en el suelo, lo cual llevará algunos años.

Paradójicamente, el incendio nos ha permitido localizar mejor viejos asientos abandonados en las cumbres del municipio, como los de Ayosa semi escondidos entre las reforestaciones de pinos del pasado siglo o acceder a los viejos asientos, al pie de Bijache, que habían sido ocultados por el desarrollo de los densos retamares del lugar que devoró el fuego donde permanecían fuera de la vista algunos de los asientos y sus corchos, conservados o no, de Don José Fariña.

DESCRIPCIÓN DE LOS ASIENTOS VISITADOS

Asientos

Se considera como asiento aquellos lugares preparados por los colmeneros para la instalación de sus colmenas, normalmente aprovechando lugares protegidos de forma natural por diques u otros accidentes que deben ser nivelados con tierra, picón, lajas... para la instalación (asentamiento) de las respectivas colmenas, bien apoyándolas directamente en el suelo o, preparándoles unas bases (burras) de tubos o entresijos metálicos y tablas, especialmente en el caso de tratarse de colmenas americanas.

Se encuentran habitualmente en terrenos apropiados alejados de la población, en lugares que cuentan con algún tipo de protección natural, en cejos, pequeñas cuevas poco profundas, laderas de barranco, etc., y con abundancia de vegetación melífera en las inmediaciones.

Los **asientos** modernos generalmente se ubican al aire libre ya que la colmena tipo americana tiene, en vez del témpano tradicional, una cubierta metálica de protección para evitar la acción de la lluvia, etc.] por lo que ya no deben buscarse aquellos lugares que ofrezcan algún tipo de abrigo natural contra la lluvia que si precisaban los corchos tradicionales.

En general estas **colmenas** más modernas están colocadas sobre estructuras de hierro u otros materiales para separarlos del suelo que a su vez está previamente aplanado con un ancho de 1-3 metros y varios de largo según las características del mismo. A su vez se eligen lugares resguardados del viento o se fabrican paredes de pequeña altura que impidan la llegada de aires fríos a las colmenas....

Mapa de asentamientos

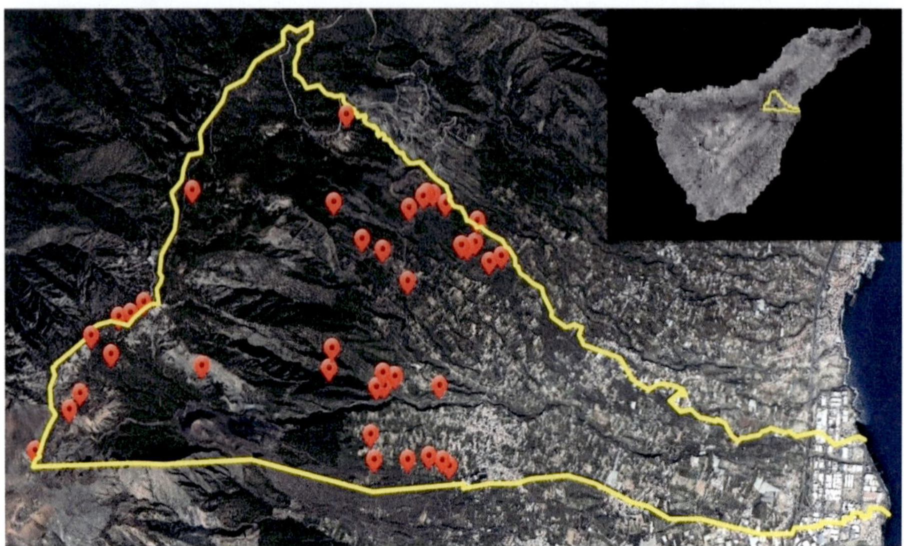

Foto satélite de la isla de Tenerife y foto situación de asentamientos apícolas en el municipio de Arafo. GRAFCAN.

Zona de Cumbres (1900 a 2200 msnm)

Correspondientes a áreas en cotas superiores al límite de distribución de los pinares, por encima de los 1800-1900 msnm, con vegetación de matorrales que presentan una composición florística diversa, afectadas por bajas temperaturas y nevadas en los inviernos.

Asientos Guadameña

Ubicación: Al sur del Roque de Guadameña y las proximidades del Roque de La Negrita, en torno a los 2200 msnm.

Sendero de acceso: A esta enorme zona de asientos se accede, por la pista de Ijeque, siguiendo la ruta nº17 de la Negrita a la Crucita.

Los asientos situados al SE de la montaña de la Negrita, se hallan ubicados en el borde superior noroeste de la impresionante Caldera de Pedro Gil y próximos a los límites municipales de Arafo con La Orotava y Güímar. En el área mencionada domina la vegetación de retamar de cumbre muy solicitada por los colmeneros como fuente de recursos melíferos.

Caracteriza el lugar la alta presencia de la retama del Teide pero se acompaña de otras especies propias de esas condiciones climáticas, como hierbas pajoneras, alhelí o rosalitos, tal y como se describió en el apartado de vegetación. Los asentamientos, cerca de la zona cacuminal se localizan en la ladera que se orienta ya a vertientes meridionales, protegidas del viento y resguardadas del frío, algunos con pequeñas paredes de protección.

Por desgracia, estos colmenares, al igual que otros muchos, fueron afectados por el gran incendio de 2023, en este caso estando en plena actividad, perdiéndose todas las colmenas y la cosecha de miel correspondiente. Es un lugar importante para colocar las colmenas en la época de floración relacionadas con la trashumancia, cuando aún se utilizaban corchos tradicionales y también en la actualidad con las colmenas americanas, fáciles de transportar y contando además con pistas rodadas de acceso al lugar.

El asiento cuenta con un pequeño refugio para los colmeneros, de reducidas dimensiones pero que permite resguardarse de las inclemencias del tiempo, construido por los propios colmeneros. En el interior de dicho refugio hay un letrero colocado en 1994 con la siguiente leyenda *REFUGIO DE APICULTORES.USENLO Y RESPETENLO. 1794–1994. AMF* [Acidalio Mesa Fariña].

Zona de asientos en Guadameña. Foto: autores.

La fecha que aparece en el cartel es fruto de la valoración que llevaron a cabo los propios colmeneros que reconstruyeron el refugio. Este cálculo, según la información facilitada por D. Fernando Mesa Fariña que participó en la restauración, lo hicieron teniendo en cuenta que en dichos asientos ya trabajaron antepasados suyos, padres, abuelos, bisabuelos, etc. En realidad no existe ningún documento que podamos aportar que nos dé la certeza del momento en que comenzó a utilizarse el refugio puesto que no se solicitó ningún tipo de permiso para ello, pero respetamos la datación realizada por quienes llevan generaciones asentando sus colmenas en el lugar. Lo que sí podemos decir es que estos asientos son sin duda los que más continuidad en el tiempo han tenido de todos los visitados, puesto que en la actualidad siguen siendo utilizados.

Asientos Corral de los Lucas - Las Barandas

Ubicación: Dentro del Valle o Caldera de Pedro Gil en cota próxima a los 1950 msnm.

Sendero de acceso: Se accede por la pista del valle, en la primera gran curva conocida como la de las baranditas o casme, hay un pequeño sendero a la derecha que en parte se encuentra perdido entre la vegetación que lo ha invadido por el abandono, a unos escasos metros de dicha curva ya empezamos a encontrar restos del lugar donde estuvieron en su momento las colmenas.

Lugar y restos del asiento del Corral de los Lucas. Foto: autores.

En su momento en el lugar se situaron varios asientos en diferentes niveles. Por toda la zona son visibles los restos de paredes de protección además de la transformación antrópica habitual que consistió en allanar el terreno para ofrecer una base estable para las colmenas. A día de hoy no queda ningún resto de materiales o corchos, todo fue retirado en su momento. Lo único que encontramos fueron latas vacías de pequeño tamaño, parecen de jugo de frutas, de manzana podemos intuir por lo poco que queda de la impresión original de estos envases. Hay decenas de latas por todo el lugar. Podría ser que en su momento usarán el jugo de estos envases con el objeto de preparar biberones para las abejas, aunque, por supuesto, no podemos afirmarlo. Pero al margen de estos envases olvidados, no hay más señal de la actividad apícola llevada a cabo en este lugar que la transformación que se dio al terreno para allanarlo en varias zonas y los restos de las paredes de abrigo que continúan en pie.

Asientos de Lomo del Agua

Ubicación: En el Valle o Caldera de Pedro Gil a una cota en torno a los 1920 msnm.

Sendero de acceso: al lugar donde están los asientos se accede por la pista del valle, en la primera gran curva la de las baranditas, hay una cadena al lado derecho de dicha pista con un cartel indicando la presencia de abejas. A unos 50 m se hallan los asientos.

Vegetación: En la actualidad, la vegetación que lo rodea corresponde a un pinar de repoblación donde junto a algunas especies propias del mismo, como los escobones, se les unen otras que pertenecen a la zona de cumbres pero que aprovechan los claros para bajar a alturas inferiores (pajoneras, retamas del Teide, rosalitos,..). Antes de las reforestaciones del siglo pasado, el área potencial del pinar estaba ocupada por matorrales de escobonales como vegetación dominante con mayor densidad y diversidad de plantas melíferas.

Actualmente se sigue usando este lugar para poner colmenas americanas por parte de varios apicultores de la zona.

Asientos de Degollada Castellanos - Los Fariñas - Roque Acebe - Ayosa

Ubicación: Lajial de Roque Acebe - Ayosa entre 1900 -2000 msnm.

Vegetación: presenta algunos pinos de las repoblaciones del pasado siglo, pero su ubicación en los límites superiores del pinar, hace que la flora dominante sea con especies de cumbre. Debido al incendio de 2023, gran parte de esa vegetación se halla arrasada y comienza a retoñar o germinar, mientras el paisaje lo domina la floración de la cañaheja blanca que al tener sus órganos de supervivencia subterráneos, no fue afectada por el fuego.

El sendero de acceso: El camino puede ser tomado partiendo del refugio montañero que encontramos en Ayosa, dirigiéndonos en dirección Norte. En la actualidad es evidente que dicho sendero no es muy transitado, aunque no podemos decir que se encuentre en un estado lamentable ni que presente derrumbamientos que puedan dificultar excesivamente la marcha. En el momento de máxima actividad de los asientos sin duda era un camino cómodo y no demasiado peligroso. Discurre casi al mismo nivel descendiendo de forma ligera, sin gran pendiente. El matorral no dificulta el avance sin duda debido a que la zona se vió afectada por el devastador incendio iniciado el 15 de agosto de 2023.

Tras algo más de 40 minutos andando llegamos a un lugar que nos llamó poderosamente la atención. Al abrigo de un dique natural pudimos ver las claras huellas de una transformación antrópica. Al pie del dique y formando una plataforma a lo largo del mismo observamos la presencia de lajas, con toda probabilidad extraídas del mismo dique, estas lajas así colocadas ofrecen una superficie llana y estable dónde asentar corchos o colmenas proporcionándoles estabilidad.

Asiento nº 1: Este primer asiento se halla orientado al E de manera que los corchos quedaban a resguardo de los vientos dominantes provenientes del O y el NO. A una cota ligeramente inferior se aprecian los restos de unas paredes de piedra seca, posibles restos de un refugio dónde guardar las herramientas. No encontramos ningún corcho en las inmediaciones ni restos de alguno quemado lo que nos demuestra que cuando este asiento fue abandonado los colmeneros que lo explotaban se los llevaron consigo. Sí que encontramos los restos de varias latas, la mayoría de aceite que pudieron ser utilizadas entre otras cosas, para poner agua a las abejas, preparar medicinas para las mismas o incluso obtener material para realizar reparaciones en las colmenas. Este asiento tiene unos 45–50 m de longitud, con lo que debió contener un considerable número de corchos en su momento de máxima explotación.

Asiento nº 1. Base de asiento formada por bloques de piedra y lajas para colocar los corchos, protegidos por un dique natural. Foto: autores.

Asiento nº 2: A cota superior, justo en la parte alta del dique, localizamos otro asiento, también con lajas dispuestas en el suelo para ofrecer una superficie estable. Coincidiendo con el borde de este, justo encima del dique, colocaron piedras posiblemente con el objeto de consolidar dicho borde y evitar que el firme se deslizara debido a la acción de los agentes naturales como el viento y la lluvia arrastrando los corchos con él. En el extremo N de este asiento, ligeramente más pequeño que el anterior, levantaron una pared de

Asiento nº 2. Detalle de una base de asiento junto al dique.
Foto: autores.

piedra seca que sin duda completaba el abrigo necesario frente a los vientos fríos. Tampoco encontramos restos de corchos ni colmenas más modernas. Tampoco hallamos ninguna herramienta abandonada.Muy cerca y un poco por debajo hay otros pequeños asientos, que dado su reducido tamaño incluimos como parte de este, en este caso con capacidad para 1 o 2 corchos cada uno, en los que encontramos las pruebas definitivas de que el enclave fue utilizado como asientos para corchos tradicionales. En concreto, un témpano, con clavos aún en él y un aro de refuerzo, ambos pertenecientes a un corcho de diámetro pequeño de unos 20 cm de diámetro.

Asiento nº 3: Un poco más arriba y nuevamente aprovechando la protección de un dique natural, localizamos otro asiento. En este caso y probablemente por encontrarse en la cima de la loma, levantaron paredes de protección de piedra seca en ambos extremos. Ocupando parte de este asiento y adosada al dique permanecen en pie los restos de un pequeño refugio de aproximadamente 1.50 m X 0.90 m. Estas reducidas dimensiones, como en el caso del que vimos en el Asiento nº 1, nos llevan a pensar que el objetivo de este refugio nunca fue pernoctar en el lugar sino guardar las herramientas y quizá corchos pendientes de su propio enjambre.

Base del Asiento nº 3 junto a dique de protección, a resguardo de vientos fríos del norte. Foto: autores.

Nuevamente constatamos la presencia de lajas colocadas en el suelo brindando una superficie nivelada y estable para los corchos. No encontramos restos de corchos ni de herramientas, sólo los restos abandonados de una plancha metálica muy oxidada cuya utilidad y origen desconocemos.

Un poco por debajo de este asiento hay otro más pequeño que, como en el caso del asiento nº 2, por su reducido tamaño, incluimos como perteneciente a este y no como un asiento independiente. Lo más interesante es la colocación de varias piedras y lajas a modo de escalones para ofrecer un acceso cómodo y fácil a estos pequeños asientos anexos desde el nº 3.

Una vez realizado el examen y estudio de estos asientos nos detenemos a observar el paisaje que desde este enclave se puede admirar. Es una magnífica panorámica de la Caldera de Pedro Gil, con las paredes del Pico Cho Marcial o Del Valle casi frente a nosotros y el Volcán Montaña de Las Arenas prácticamente en el medio de La Caldera. También se ofrece a nuestra vista buena parte del Valle de Güímar. A pesar de ser claramente dolorosos los efectos del terrible incendio que dio comienzo el 15 de agosto de 2023, la belleza del lugar es francamente impactante. No es difícil imaginar cuanto más debió serlo antes de la reforestación del pinar cuando abundaba el monte bajo y el matorral que sin duda fue el motivo por el que decidieron los colmeneros en su día poner aquí sus asientos pues la proliferación de plantas melíferas como el escobón, retama, codeso... sin duda ofrecía abundancia de alimento a las abejas.

Restos de antiguos corchos: témpano y aro de refuerzo.
Foto: autores.

Asientos Resbalas de Joco

Ubicación: Resbalas de Joco 1840 msnm.

Sendero de acceso: a 50 m de la carretera TF 24 en el lateral izquierdo dirección Izaña, en las cercanías de Fuente Joco.

A unos 1800 m de altitud se encuentran los restos de donde estuvieron ubicados unos antiguos asientos de colmenas, de las que actualmente sólo quedan restos de algunas latas. Esta zona fue afectada por el tristemente famoso incendio forestal de agosto de 2023.

Detalle de zona arrasada por el incendio. Foto: autores.

Zona de Pinar (1000 a 1900 msnm)

La vegetación que rodea a los asientos ubicados entre estas cotas fue descrita anteriormente como propia del piso de pinar. Antes de las reforestaciones del siglo pasado, estaba dominada por los escobonales y en las zonas más escarpadas y rocosas por los matorrales de retama amarilla, muy interesantes como plantas melíferas. En estos matorrales y tal y como fue descrito, la diversidad florística era alta y por tanto con abundancia de alimentos (néctar y polen) para las abejas.

Los Asientos

Esta zona de asientos según la toponimia del lugar se encuentra por debajo el corral de los Fariñas aproximadamente a 1800 msnm, en la ladera NO del valle. Actualmente están ocultos por las reforestaciones del siglo pasado.

Morra Los Asientos

Este lugar se encuentra al este de los anteriores aproximadamente a unos 1700 msnm, lo mencionamos porque nos parece interesante este topónimo en relación a esta publicación. Sin embargo no hemos encontrado por ahora ningún rastro y al igual que los anteriores están cubiertos por el pinar histórico.

Asientos de Roque Bijache

Ubicación: Zona oriental de El Valle o Caldera de Pedro Gil entre 1600-1650 msnm.

Este conjunto de asientos es el de mayor entidad y mejor conservado que hemos encontrado hasta agosto de 2024, permaneciendo en un estado casi intacto tal y como los dejó su antiguo propietario (D. José Luis Fariña), a pesar de su abandono hace varias décadas.

Aunque en nuestra primera visita se encontraban en el lugar los antiguos corchos abandonados, en la fecha de nuestra anterior publicación en la revista "El Pajar nº37" fueron retirados todos los corchos que se encontraban en buen estado, para asegurar su conservación y evitar el expolio o el vandalismo.

El sendero de acceso: Para llegar hasta los asientos es necesario transitar durante algunos kilómetros por la pista forestal que recorrimos en un todoterreno. Esto fue posible gracias a la colaboración del Ilustre Ayuntamiento de la Villa de Arafo que nos facilitó el acceso a las barreras que cierran la pista.

La pista forestal discurre en primer lugar por el malpaís fruto de la erupción del volcán de Arafo o Las Arenas de 1705. Posteriormente atraviesa un terreno cubierto por las cenizas y las arenas de la misma erupción y dónde en la actualidad crecen una gran cantidad de castaños en explotación pertenecientes a varias fincas privadas. Nos encontramos más adelante con un denso pinar sin que exista una suave transición.

Este pinar, en su mayor parte, es fruto de las repoblaciones llevadas a cabo por D. Francisco Ortuño y D. Luis Ceballos a partir de 1941.

Llegado un punto, abandonamos dicha pista para comenzar el ascenso por un sendero hoy casi desaparecido por el abandono. En ciertos tramos la vegetación, dominada por matorrales de retamas amarillas y tajinastes, lo ha invadido prácticamente por completo, lo cual nos hizo más difícil continuar nuestro camino.

A pesar de ello, nos resultó bastante claro que en su día este era un sendero que se podía recorrer con cierta comodidad. Las curvas del trazado hacen que la subida sea relativamente suave a pesar de la diferencia de cota existente entre el inicio del sendero y los asientos situados a mayor altura. Hoy hay una gruesa capa de pinocha que complica distinguir el trazado del mismo en varios puntos. Sin embargo, el camino sería fácilmente recuperable, de forma que pudiera llegar a formar parte de la red de senderos de Arafo, convirtiéndose en otro de los lugares dignos de interés para los visitantes que se acercan al municipio.

Tras aproximadamente unos 40 minutos de marcha se llega al primero de los asientos.

Asiento nº 1: situado en un nivel inferior a los demás, encontramos en realidad dos asientos con capacidad para 4 o 5 corchos cada uno, aunque en la actualidad tan sólo hay corchos en el primero de los dos por lo que los numeramos como si se tratara de uno sólo. Ambos están protegidos por un alero fabricado con cemento y con paredes de piedra laterales rematadas con listones de madera y con una base de cemento para colocar los corchos. Hay varios bebederos para los "biberones" de las abejas, bajos, circulares, de unos 20 cm de diámetro. El primero de los asientos aún conserva el hierro de apuntalamiento que se observa en la fotografía antigua con el propietario de las colmenas. Los corchos de este asiento están en mal estado y además se observan restos de otros tirados en la ladera junto con restos de botellas, latas grandes de aceite preparadas para su uso, etc. Fue necesario desbrozar el terreno para poder descubrir y acceder a estos asientos. En el cuadro adjunto que hemos elaborado ofrecemos información sobre las características y estado de conservación de los corchos presentes en este asiento.

n.º colmena	1	2	3
Material	Castaño	Indefinida	Castaño
Tipo	Corcho	Corcho	Corcho
Altura	87 cm.	82 cm.	76 cm.
Diámetro H	36 cm.	23 cm.	29 cm.
Diámetro V	34 cm.	26 cm.	36 cm.
Grosor	2 a 3 cm.	1 cm.	1 cm.
Tranquillas	No	3	6
Témpano	Metálico	Tablas de pino	Tablas y chapa
Estado	Muy deteriorada	Mal estado	Mal estado
Reparación	Plástico y lata	Numerosas de lata	Numerosas de lata

Colmenas asiento n.º 1.

Tal y como hemos consignado en el cuadro anterior, el estado de los corchos no era muy bueno. En su día fueron objeto de varias reparaciones. Para llevarlas a cabo los materiales elegidos fueron plástico y trozos recortados de latas. Es evidente que estos corchos fueron utilizados durante mucho tiempo y de ahí la necesidad de realizar parches para mantenerlos en producción.

Dos de los tres corchos fueron reforzados con tres aros metálicos, uno en cada extremo más otro aproximadamente en la mitad de su longitud.

El segundo sólo tiene dos de estos aros, pero fue rodeado con un alambre, quizá debido a que había perdido uno de estos aros metálicos, el central en concreto.

En las cercanías hay restos de otras pequeñas construcciones; una de ellas con forma de torreta en la que hay una tambora grande de lata a modo de palangana rústica. Al lado de esta torreta hay un pequeño refugio con paredes de piedra y techo de hojalata, bastante bajo, separado de los asientos hacia el Oeste, en un lateral del sendero que utilizamos para ascender hacia el resto de los asientos. Desconocemos cuál pudo ser la utilidad de estas construcciones. Lo más probable es que el pequeño refugio fuera una especie de almacén de herramientas, dado que el techo es muy bajo y poco propicio para ser utilizado a modo de lugar dónde guarecerse y mucho menos para servir de lugar de descanso al caballo que acompañaba al propietario.

Detalle de corchos, del asiento nº 1, muy deteriorados por el paso del tiempo. Foto: autores.

Para llegar al siguiente asiento continuamos ascendiendo por el sendero. El matorral era cada vez más tupido y dificulta nuestro paso. Sin embargo, este inconveniente se vió ampliamente recompensado con el magnífico paisaje que se ofreció a nuestros ojos. Una panorámica del volcán de Arafo o Las Arenas, con las paredes del Pico Cho Marcial o Del Valle, de fondo.

Cuando finalmente llegamos hasta el resto de los asientos, la vista de La Cadera de Pedro Gil es, simplemente, espectacular.

La abundante vegetación del lugar, sin duda, aseguraba el alimento de las abejas aunque en algunas ocasiones pudiera ser necesario hacer uso de los "biberones" debido a una floración particularmente pobre durante periodos de sequía.

Asiento nº 2: El siguiente asiento que describimos a continuación es el que se encuentra a una cota más elevada. Hay varios recovecos que fueron utilizados para el almacenaje de materiales y herramientas. En la actualidad aún hay algunos botes grandes de cristal de jugo, así como tela para filtrar y dos tapas con un alambre soldado cada una de unos 40 cm de longitud, posiblemente usados para colocar sustancias desinfectantes en los corchos o aplicar algún tratamiento.

Puede observarse un poco de transformación antrópica, como el levantamiento de paredes con piedra seca para rellenar huecos y completar muros de protección, o la realización de algunas plataformas con el objeto de allanar el terreno y ofrecer una base estable a los corchos. Pero al margen de estas modificaciones que a decir verdad no producen un gran impacto visual ni medioambiental, no se realizaron obras ni cerramientos en el lugar.

Corchos sobre bases preparadas con cemento protegidos por visera natural. Foto: autores.

Lo primero que nos llamó la atención fue que parecían haber desaparecido algunos corchos en relación con la primera visita al lugar que habíamos realizado varios meses atrás. Esto demostró el grave peligro de expolio que suponía dejarlos en el lugar sin ningún tipo de protección; todo lo cual pusimos en conocimiento del consistorio para que se tomarán las medidas oportunas encaminadas a conservar y proteger no sólo los corchos, sino el enclave en sí mismo, de la expoliación y el vandalismo por parte de personas desaprensivas sin ningún respeto por nuestro pasado, historia y riqueza natural.

En este asiento hay 4 corchos, en distinto estado de conservación, presentando reparaciones algunos de ellos y que detallamos en el siguiente cuadro correspondiente, nº 2.

n.º colmena	4	5	6	7
Material	Pino	Pino	Castaño	Castaño
Tipo	Corcho	Corcho	Corcho	Corcho
Altura	100 cm.	92 cm.	85 cm.	51 cm.
Diámetro H	32 cm.	28 cm.	34 cm.	47 cm.
Diámetro V	28´80 cm.	31 cm.	33 cm.	47 cm.
Grosor	2 cm.	2 cm.	2´50 cm.	2 cm.
Tranquillas	No	4	6	7
Témpano	Tablas de pino	Tablas de pino roto	Tablas de pino	Tablas de pino
Estado	Buen estado	Buen estado	Medio	Buen estado
Reparación			lata	
				Hay restos panal

Colmenas asiento n.º 2.

Tal y como hemos reflejado en el cuadro anterior, la mayor parte de los corchos de este asiento se encontraban en buen estado. Tan sólo el nº 6 había sido reparado en su día con recortes de lata. Como curiosidad, destacar que el nº 7 aún conservaba unos pocos restos de panales en su interior pegados a las paredes.

Asiento nº 3: pasando al siguiente asiento lo primero que llama la atención es una pared de protección en piedra seca en su extremo norte, probablemente para apaciguar los vientos fríos.

Quedaban en el momento de realizar esta visita, 4 colmenas, dos grandes y dos pequeñas a modo de reservas de reinas, una de ellas de tipo americano con estructura exterior metálica.

Entre los corchos que hemos numerado 9 y 10 encontramos restos de moñigos junto con piedras. Estos moñigos se añadían al ahumador para apaciguar a las abejas durante la castración de las colmenas.

Todos los corchos están sobre una base de cemento al mismo nivel. No se trata de una obra de envergadura, tan sólo de una pequeña base con el objeto de allanar el terreno. Detallamos las características de cada colmena en el siguiente cuadro.

La colmena nº 8, además de contar con unos aros de alambre como refuerzo, también fue cosido en su día usando el mismo material. Es el corcho de este asiento que presenta un peor estado.

Como hemos indicado, el corcho nº 10 no pudo ser utilizado como colmena para mantener una colonia activa y productora dado su reducido tamaño. Es evidente que su utilidad fue la de servir de reserva de reinas conservando en su interior mestriles, tal y como nos relató que también hacía D. Fernando en la entrevista que mantuvimos. El témpano utilizado en este receptáculo se hizo con chapa metálica con cartón pegado a ella.

La nº 11 es la única colmena de tipo americano, núcleo de cría, que hallamos en los asientos. Es de pequeño tamaño pintada de color verde y forrada con metal.

n.º colmena	8	9	10	11
Material	Palmera	Pino	Núcleo palmera	Indefinida
Tipo	Corcho	Corcho	Reserva reinas	Colmena americana
Altura	93 cm.	112 cm.	19 cm.	30 cm.
Diámetro H	36 cm.	42 cm.	31 cm.	Fondo 58 cm.
Diámetro V	63 cm.	40 cm.	34 cm.	25 cm.
Grosor	3´50 cm.	2´20 cm.	4 cm.	
Tranquillas	10	10		
Témpano	Tablas de pino	Tablas de pino		
Estado	Medio	Buen estado		Buen estado
Reparación	Cosido de alambre			

Colmenas asiento n.º 3.

Fotografía de corchos de palmera, pino y dos núcleos de cría de distintos materiales. Foto: autores.

Asiento nº 4: se trata también de un covacho, algo menos amplio que el anterior. En su momento se levantó una pared de protección de piedra seca en su extremo sur, en el límite con el siguiente emplazamiento.

Nos encontramos con 6 escalones realizados con cemento a modo de asientos, estando vacíos en su mayoría ya que sólo quedan dos corchos, en bastante buen estado de conservación, que detallamos en el siguiente cuadro.

n.º colmena	12	13
Material	Pino	Pino
Tipo	Corcho	Corcho
Altura	66 cm.	66 cm.
Diámetro H	47 cm.	45 cm.
Diámetro V	40 cm.	40 cm.
Grosor	de 3 a 6 cm.	de 2´50 a 4 cm.
Tranquillas	6	10
Témpano	Tablas de pino	Tablas de pino
Estado	Buen estado	Buen estado
Reparación		

Colmenas asiento n.º 4.

Corchos de pino canario (*Pinus canariensis*). Foto: autores.

Asiento nº 5: Este espacio es sumamente interesante a pesar de ser más reducido que los anteriores ya que encontramos en el mismo un refugio y almacén de corchos en su extremo norte, dónde limita con el anterior, con pared de protección que cierra una oquedad natural, la que habíamos descrito para el asiento nº 4.

En este almacén pudimos contar 12 corchos de diferentes tipos y materiales (pitera, madera, etc.) en dispar estado de conservación, además de otros artefactos como el armazón metálico para hacer un sombrero de protección contra las abejas con restos de tejido aún adheridos.

Las colmenas almacenadas están amontonadas y algunas en un lamentable estado que nos impidió moverlas para poder tomar medidas y describirlas en profundidad ya que para manipularlas con seguridad y sin riesgo de destruirlas sería preciso tomar una serie de medidas para las que no íbamos preparados en esta visita.

Por encima de este almacén, en una especie de terraza natural, encontramos una lata de aceite de 5 litros que fue cortada transversalmente para ser utilizada a modo de recipiente, así como un viejo y pequeño caldero de aluminio.

Hay 4 corchos fuera de este almacén que permanecen en sus asientos de cemento y que describimos en el siguiente cuadro, así como los que encontramos en el citado almacén y que hemos numerado desde el 14 al 25.

n.º colmena	n.º 14	n.º 15	n.º 16
Material	Pitera	Tablas de pino	Pitera
Tipo	Corcho	Colmena rectangular	Corcho
Altura	Está caído y roto, en muy mal estado, tiene la típica forma de ánfora	No tomamos medidas porque moverla puede causar roturas	72 cm.
Diámetro H			20 cm.
Diámetro V			21 cm.
Grosor			Diámetro 40 cm en el medio
Tranquillas			4
Témpano			No
Estado		Mal estado	Bueno
Reparación			Cosida con alambre

Colmenas asiento n.º 5.

n.º 17, 18, 19	n.º 20	n.º 21, 22, 23, 24 y 25
Tablas de pino	Desconocido	Tablas de pino
Colmena rectangular	Corcho muy ligero	Colmena rectangular
No medimos, están en mal estado y manipular puede causar roturas	74´50 cm.	No medimos, están en mal estado y manipular puede causar roturas
	34 cm.	
	23 cm.	
	De 1´50 a 3 cm.	
	6	
	Tablas de pino	
	Bueno	

n.º colmena	n.º 26	n.º 27	n.º 28	n.º 29
Material	Desconocido	Tablas de pino	Tablas de pino	Pino
Tipo	Corcho muy ligero	Colmena rectangular	Colmena rectangular	Corcho
Altura	69 cm.	74´50 cm.	84 cm.	76 cm.
Diámetro H	26 cm.	Ancho 48 cm.	Ancho 36´30 cm.	32 cm.
Diámetro V	26 cm.	Fondo 38´50 cm.	Fondo 40 cm.	32´50 cm.
Grosor	1´80 cm.	2 cm.	2 cm.	2 cm.
Tranquillas	No	5	6	No
Témpano	Tablas de pino	Tablas de pino	Tablas de pino	Tablas de pino
Estado	Bueno	Buen estado	Buen estado	Medio
Reparación	Cosido alambre			

Colmenas asiento n.º 5.

Detalle del corcho nº 20, probablemente de drago (*Dracaena draco*). Foto: autores.

Parte del equipo inventariando en el asiento nº5. Foto: autores.

Asiento nº 6: Se encuentra en la ladera que sube ligeramente con respecto al anteriormente descrito. Los asientos fueron realizados aprovechando escalones naturales del terreno igualando la superficie con cemento. Solo encontramos dos corchos en bastante buen estado. Además de estos, en el suelo descubrimos fragmentos de panales de colmenas de tipo americano. Por debajo del nivel de los asientos hay dos pequeños escondrijos que probablemente en su momento también fueron usados para asentar colmenas. Los dos únicos corchos que encontramos en este asiento son detallados en el siguiente cuadro.

<table>
<tr><td>n.º colmena</td><td>n.º 30</td><td>n.º 31</td><td rowspan="11">Además de estos corchos, en el suelo encontramos restos de paneles de colmena de tipo americano</td></tr>
<tr><td>Material</td><td>Palmera</td><td>Palmera</td></tr>
<tr><td>Tipo</td><td>Corcho</td><td>Corcho</td></tr>
<tr><td>Altura</td><td>74 cm.</td><td>65 cm.</td></tr>
<tr><td>Diámetro H</td><td>45 cm.</td><td>48 cm.</td></tr>
<tr><td>Diámetro V</td><td>45 cm.</td><td>48 cm.</td></tr>
<tr><td>Grosor</td><td>4 cm.</td><td>4 cm.</td></tr>
<tr><td>Tranquillas</td><td>2</td><td>6</td></tr>
<tr><td>Témpano</td><td>Tablas de pino</td><td>Tablas de pino</td></tr>
<tr><td>Estado</td><td>Bueno</td><td>Bueno</td></tr>
<tr><td>Reparación</td><td></td><td></td></tr>
</table>

Colmenas asiento n.º 6.

Corchos de palmera canaria (*Phoenix canariensis*) con témpanos y piedras de sujeción. Foto: autores.

Asiento nº 7: se encuentra separado del resto y situado en un risco por debajo del asiento nº 2. Solo se conserva un corcho de eucalipto en la pequeña covacha. Adjuntamos cuadro con sus características.

n.º colmena	n.º 32
Material	Eucalipto
Tipo	Corcho
Altura	72 cm.
Diámetro H	40 cm.
Diámetro V	40 cm.
Grosor	de 2 a 2´50 cm.
Tranquillas	No
Témpano	No
Estado	Medio
Reparación	

Colmenas asiento n.º 7.

Corcho, probablemente de eucalipto *(Eucalyptus globulus)*, con témpano. Foto: autores.

Asiento nº 8: Un poco más hacia el sur del anterior y aproximadamente a la misma cota hay otro escondrijo en el que localizamos 2 corchos uno de los cuales estaba en bastante mal estado tal, el que hemos numerado como 34. Este corcho de palmera fue reparado en su día cuando varias secciones se fragmentaron en forma de tabla. Para poder seguir utilizándolo se cosieron dichas tablas con un alambre grueso.

Reflejamos en el cuadro adjunto las características y estado de los dos corchos de este último asiento.

n.º colmena	n.º 33	n.º 34
Material	Pitera	Palmera
Tipo	Corcho	Corcho
Altura	70 cm.	88 cm.
Diámetro H	20 cm.	33 cm.
Diámetro V	20 cm.	33 cm.
Grosor	Diámetro 36 zona media	De 2´50 a 3 cm.
Tranquillas	No	No
Témpano	No	No
Estado	Medio	Malo
Reparación	Refuerzos alambre	Refuerzos alambre

Colmenas asiento n.º 8.

Corcho de pitera (*Agave americana*) deteriorado junto a otro reforzado con aros metálicos y témpano suelto. Bijache. Foto: autores.

Asientos Finca Arrate. Zona alta llegando a Articosia o Articosa

Existieron unos asientos propiedad de Pablo Batista Flores, no quedando actualmente ningún rastro de dicha actividad.

Zona de Medianías (500 a 1000 msnm)

En estas zonas con vegetación potencial de pinares y en contacto, las partes bajas, con los bosques termófilos, nos encontramos también con una variedad florística alta. Por una parte se conservan algunos pinos viejos aislados junto a otros jóvenes y los amplios espacios abiertos presentan una gran variedad de plantas con alta presencia de tajinastes, otras de las excelentes plantas melíferas de estos lugares. En algunos casos dominan los jarales con gran presencia de la jara de flor blanca (*Cistus monspeliensis*) y menor presencia de la jara de flor rosada. Muchas especies de interés como las chahorras, malpicas, magarsa, poleos o hierbas de risco están presentes. Por otra parte varios de los asientos están próximos a las zonas más frescas y abruptas de los barrancos de Gambuesas, Añavingo y Amanse donde las condiciones climáticas permiten una diversidad florística aún mayor o la presencia localizada de plantas raras como el cabezón de Añavingo.

Área Occidental

Los asientos de esta zona están ubicados, en general, en terrenos más jóvenes (malpaíses) y más pedregosos, por tanto con vegetación menos variada y poco densa en la que sin embargo siguen existiendo especies de interés melífero como veroles, salvia canaria, hierba risco o tajinastes.

Asientos del Volcán (Perdomo-Lo de Ramos-Las Vigas-Los Santiagos)

Ubicación: Se encuentran en los lugares conocidos como Perdomo, Los Santiagos. Lo de Ramos y Las Vigas, en cotas comprendidas entre los 800 y 500 msnm.

Sendero de acceso: A esta extensa zona de asientos diseminados, en la actualidad se accede por la pista conocida como del observatorio, que va desde Arafo al astrofísico de Güímar, por el camino Perdomo o por el camino Los Santiagos entre otros, por el trayecto se ven diseminados los conjuntos de colmenas americanas y resguardadas entre las coladas del volcán de Las Arenas del año 1705.

Situados muy cerca de la pista, en el límite con el municipio de Güímar, siguen en explotación en la actualidad, por supuesto, con colmenas modernas de tipo americano. Es una zona de malpaís en medio del cual están situadas las colmenas. En este caso, el asiento también tiene orientación Sur-Sureste y se encuentra al abrigo de los fríos vientos del Norte. Las colmenas colocadas en este lugar son propiedad de D. Pablo J. Pestano y otros…

Melosar o Melozar (Testamento del mallorquín)

En esta zona existe un lugar con el topónimo de Melosar. Dicho nombre también figura en el testamento de D. Juan Gomez, que procedía de Mallorca por lo que pasó a ser conocido con el sobrenombre de El Mallorquín y fallecido en 1598 (Historia de Arafo. Febe Fariña Pestano. Pág. 60. Editorial Le Canarien 2018).

El referido mallorquín moraba en la zona conocida con el nombre de Melozar, lo cual podría hacer referencia a la presencia de colmenas y la producción de miel. Aunque también existe la posibilidad de que tal nombre derive de melaza, que es un derivado de la producción de azúcar y debemos tener en cuenta la existencia de ingenios azucareros en las cercanías durante esa época. A su vez debemos valorar la posibilidad de que pueda referirse a cierta variedad de uva, denominada melosa, que pudo cultivarse en la zona o incluso a la abundancia de plantas melíferas del entorno.

Área central

Asientos de la Canal Alta y del Lomo Abarso

Ubicación: Ladera izquierda del Bco. de Las Gambuesas, a unos 680 msnm.

El sendero de acceso: A no mucha distancia de la carretera, en una pared rocosa, encontramos este antiguo asiento abandonado. Por delante de los asientos pasa un canal de agua. Actualmente el acceso a estos asientos debe realizarse por los restos del antiguo canal que como hemos dicho transita frente a ellos.

Corchos resguardados de la intemperie. Foto: autores.

El sendero que en su día llevó hasta el enclave hoy ha desaparecido como consecuencia de algunos pequeños derrumbes en varios de sus tramos estando el resto completamente invadido por la vegetación que los hace prácticamente intransitables.

Estos asientos fueron explotados en su día por una familia de la Villa de Arafo conocida como "Los Cambados". Al parecer esta familia estuvo vinculada a la apicultura durante varias generaciones, aunque en la actualidad, ninguno de sus miembros desarrolla esta actividad.

Asiento nº 1: Lo primero que nos llama la atención es la presencia de dos corchos almacenados o guardados en un pequeño recoveco, acostados. Uno de ellos de palmera. Es de mayor diámetro que el segundo que fue construido con madera de pino. Tal y como se puede apreciar en la fotografía, el de pino se encuentra sobre unas tablas, quizá con el objeto de aislarlo un poco del suelo. El de Palmera a su vez, descansa sobre el anterior.

Justo por debajo de esta cavidad, en un pequeño saliente rocoso, hay un bote de cristal de tamaño mediano, como los de conservas de verdura o tomate frito, con tapa metálica. En su interior hay una sustancia espesa y oscura que no parece ser miel cristalizada. Posteriormente, en una conversación mantenida con D. Pablo J. Pestano, este nos dijo que lo más probable es que se trate de meloja que fuera utilizada para preparar los "biberones" de las abejas.

Un poco por debajo de este saliente, ya a ras de suelo, hay un escondrijo con botes de cristal de jugo vacíos, así como latas de conserva oxidadas y también vacías.

Aunque muy deteriorado, se observa que el suelo fue cubierto con un rústico empedrado con el objeto de proporcionar una superficie estable a los corchos además de aislarlos de la humedad de la tierra. La longitud de este asiento es de unos 6 metros y dado su pequeño tamaño, en comparación con otros asientos, no debió contener un elevado número de corchos. Además del empedrado que ya hemos mencionado, encontramos un fragmento de tapa de canal de agua que fue usada como base individual de una colmena.

Asiento nº 2: Situado por debajo del anterior encontramos este otro asiento que presenta una particularidad no observada en los anteriores que hemos visitado y es que construyeron una especie de tarima para cubrir el suelo con tablas de madera. En la actualidad presentan mal aspecto, con algunas rotas y otras dobladas por la acción de la humedad. En la parte más próxima al anterior hay dos corchos. El primero de madera de pino, aún conserva pequeños restos de panales pegados a las paredes internas. El segundo es de madera de eucalipto y conserva el témpano. Además, sobre este, está el témpano del corcho de pino ya descrito. Repartidos por la superficie de esta tarima hay varios témpanos tirados, contamos 10. En el otro extremo del asiento hay un corcho más de madera de eucalipto con su témpano. Al levantar dicho témpano observamos restos de celdillas en el mismo.

Corcho de eucalipto (*Eucalyptus globulus*) con refuerzos metálicos y témpano, sobre base de madera. Derecha: Témpano (interior) con restos de cera (panales). Foto: autores.

Asiento nº 3: En la misma ladera, a unos 200 m. de distancia aproximadamente, se encuentra este otro asiento. No encontramos corchos, ni restos de estos. Tan sólo colmenas modernas americanas, los asientos que están por encima, estuvieron en explotación hasta fechas muy recientes, aunque actualmente se encuentran abandonados.

Asiento en bancales con colmenas de tipo americano. Ladera izquierda del Barranco de las Gambuesas. Foto: autores.

Asientos de Tomás Fariña Pérez

Ubicación: Ladera izquierda del Bco. de Añavingo, a unos 680 msnm, cubiertas de matorrales y pinos aislados.

Sendero de acceso: Se accede por la pista que entra al barranco de Añavingo, nos desviamos por un sendero que entra a la derecha entre la vegetación.

Asiento: Orientado hacia el SE, aprovecha el abrigo que le ofrece la pared del barranco en la ladera del cual se encuentra situado. En la actualidad hay unas pocas colmenas americanas. Además de estas colmenas vemos un palet sobre el que hay dispuestas un par de bases, unas metálicas y otras de madera, para colocar más colmenas modernas. Cerca de estas bases, hacia la izquierda del asiento, nos encontramos con tres grandes bidones recostados sobre una base metálica. En el interior de estos bidones hay recipientes y utensilios abandonados.

Hacia la izquierda de estos bidones que evidentemente se utilizaban a modo de almacén, podemos ver varias bases más para colmenas modernas de tipo americano, así como tablas que pudieron formar parte de una de estas colmenas.

Frente a estas bases vacías hay un bebedero fabricado con hormigón, una silla de base de aluminio en la que el asiento y el respaldo originales han sido reemplazados por unas tablas que hoy no presentan muy buen estado y una carretilla no en mejores condiciones sobre la que reposa una plancha oxidada que la cubre casi por completo.

Encontramos restos de corchos tradicionales o de témpanos. Sabemos que este asiento estuvo muchos años en explotación y que en un principio utilizaban corchos tradicionales que fueron sustituidos poco a poco por las modernas colmenas americanas que, tal y como hemos explicado, son más fáciles de trabajar y cuya productividad es muy superior a las del corcho tradicional.

Aunque como hemos comentado, aún hay 3 colmenas en el mismo, da la sensación de haber sido abandonado, quizá hace no demasiado tiempo.

Corcho construido con tablas, probablemente de pino. Foto: autores.

Corcho con témpano sobre base (metálica y madera). Foto: autores.

Asientos de Juan Lianes

Ubicación: Ladera izquierda del Bco. de Añavingo, sobre 660 msnm.

Sendero de acceso: Al igual que los anteriores se accede por la pista que entra al barranco de Añavingo, nos desviamos por un sendero que entra a la derecha conocido como Camino la Canal Alta al NE de la Galería el Paso

Existen algunas colmenas tipo americana, entre la típica vegetación de la zona diseminadas en unos bancales abandonados

Lomo de las Abejeras

Entre los barrancos de las Madres y el de Amanse existe un lomo con este curioso topónimo, que nos sugiere la posible existencia de enjambres salvajes en el pasado o un lugar de antiguos asientos de corchos. Pero no hemos encontrado ninguna prueba de esto último.

Asientos de Lomo Cambado

Ubicación: Ladera izquierda del Bco. de Añavingo, aprox 700 msnm.

Según comunicación oral, existieron asientos de colmenas en la zona conocida como Lomo Cambado a unos 500 m aproximadamente al Oeste de la galería de agua conocida con ese nombre.

Asiento de Piedra el Barranco

Ubicación: Dentro de la zona central se encuentra a una cota más baja que los anteriores en la ladera izquierda, cerca del cauce del Bco. La Piedra a 525 msnm.

Grupos de corchos, algunos pintados, de materiales variados, sobre base de madera. Bco. la Piedra. Foto: autores.

El sendero de acceso: El camino para llegar hasta el pie de los dos asientos existentes no es demasiado complicado de transitar. Los asientos se encuentran a una altura de entre 8 a 10 metros, en la ladera izquierda del barranco. El ascenso a estos se ve un poco dificultado porque el desuso ha hecho desaparecer la vereda que en su día utilizaron los colmeneros que trabajaron en él. La vegetación lo oculta casi por completo.

Frente a los asientos discurre una antigua atarjea con lo que conseguir agua no era un problema para los colmeneros que utilizaron este lugar en su día.

Vegetación: Al estar cerca de núcleos urbanos la vegetación se halla más alterada, siendo más frecuentes los matorrales con plantas más nitrófilas como la vinagrera (*Rumex lunaria*) o hierba risco (*Lavandula canariensis*).

Asiento nº1: Le hemos dado este número al asiento situado a mayor cota. Aprovechando el abrigo de un pequeño covacho de la pared del barranco encontramos este asiento. Hay una base realizada con madera para aislar los corchos de la humedad del suelo sobre la que encontramos 4 de estas colmenas tradicionales. Hay una quinta que al no caber sobre esta base de madera fue depositada en el suelo, directamente sobre la piedra pero colocando bajo la misma una lámina que parece ser de plástico.

De este asiento lo que nos llama poderosamente la atención es que los cinco corchos que aún conserva están pintados. Esto nos dificulto un poco la tarea de descubrir de qué material puede ser cada uno de ellos. A continuación los describimos, comenzando por el situado más a la izquierda, de manera individual.

Corcho nº 1: Pintado casi por completo en color azul. Tiene aros metálicos de refuerzo realizados con un alambre metálico colocados en sus extremos y en el centro. Se conserva en bastante buen estado.

Corcho nº 2: Un poco más alto que el anterior y también más ancho. Es el mayor de los cinco corchos, elaborado con un tronco de palmera. Está pintado de rosa parcialmente, es el menos cubierto por pintura. Además de los aros de alambre de refuerzo es muy visible una reparación de la que fue objeto usando para ello una lámina metálica que fue recortada para adaptarse al desperfecto que debía cubrir. También conserva el témpano que a su vez está recubierto con una lámina de metal.

Corcho nº 3: De menor tamaño que los dos anteriores. Completamente cubierto con pintura de color crema. Parece ser de madera de pino. Tiene dos aros de refuerzos, el inferior realizado con alambre. Conserva el témpano que fue cubierto con la misma pintura crema. Se conserva en buen estado.

Corcho nº 4: Con respecto a la altura, este corcho ocuparía el tercer lugar. El tronco de palmera, está completamente pintado en color rosa claro. Tiene dos aros de refuerzo, uno en su extremo superior y otro en el inferior, igual que el anterior, aunque en este caso ninguno de ellos está realizado con alambre. También conserva el témpano. A simple vista es el que presenta mejor estado de conservación.

Corcho nº 5: Como ya dijimos, este corcho no se encuentra emplazado en la misma base de madera que el resto y está situado sobre la roca contando como aislamiento con una delgada lámina. Fue utilizada pintura verde para cubrir el tronco de eucalipto.

Es casi de la misma altura que el anterior. Cuenta con dos aros de refuerzo, el del extremo inferior fue realizado con alambre. El superior fue hecho con una banda metálica pero rugosa, a diferencia de las de los demás corchos. En un lateral es visible la reparación llevada a cabo con una lámina metálica. Conserva el témpano. Su estado de conservación es aceptable, aunque la madera comienza a agrietarse.

Pudimos comprobar que todos los témpanos están firmemente fijados mediante clavos a los corchos, probablemente por esta razón aún los conservan.

Asiento nº 2: Situado no muy por debajo del anterior localizamos los restos de este segundo asiento. Se aprecia que el terreno fue acondicionado para proporcionar una base estable a los corchos, pero estos han caído y sus restos se encuentran dispersos por la ladera. Esta caída puede haber sido consecuencia de una única gran tormenta o quizá haber ocurrido a lo largo de los años también como consecuencia de las inclemencias del tiempo. No tenemos forma de saberlo.

El estado en el que se encuentran estos restos hace que nos sea del todo imposible calcular a cuantos corchos corresponden ya que están muy fragmentados y aunque localizamos algunos témpanos no demasiado rotos y pudiera pensarse que el contarlos nos daría el número de corchos caídos, no nos es posible saber si algunos de los fragmentos podrían ser en realidad más témpanos rotos lo que imposibilita hacer un cálculo mínimamente fiable.

Galería Cueva las Colmenas

Ubicación: A escasos metros al norte de la carretera TF-523 en el punto kilométrico 1,700 en el barranco Peña, hay una galería de agua con este curioso nombre que podría indicar la probable presencia en el pasado de un asiento de colmenas en una cueva existente en la zona o de abejeras (colmenas) silvestres.

Área Oriental

Asientos de Gorgo

Ubicación: Pendientes de Gorgo entre 1000 y 1150 msnm.

Sendero de acceso: Por el camino de Gorgo al cual se accede desde la carretera popularmente conocida como de Los Loros aproximadamente en el km 8.5.

Asientos: Hay aproximadamente 4 decenas de colmenas americanas situadas en la cota más alta. Se encuentran ubicadas en unos bancales.

A unos 300 m al SE de estas hay otro conjunto de unas cuarenta colmenas del mismo tipo que las anteriores.

No encontramos restos de corchos antiguos por lo que no sabemos si en algún momento este lugar fue utilizado como asiento de este tipo de colmenas tradicionales.

Asientos Morra El Hornito

Ubicación: En la zona conocida como Morra del Horno al NO de la casa de Carta a 870 msnm.

Bajando por la carretera de Los Loros, a mano derecha, en la zona conocida como Siete Lomas, hay unos asientos de colmenas explotados desde hace mucho tiempo. En la actualidad continúa en actividad aunque empleando solamente colmenas modernas de tipo americano.

Sendero de acceso: El acceso se realiza mediante una pista privada cerrada con una valla, aunque en este caso hemos accedido por un viejo sendero que discurre por un lateral del camino Los Frailes.

Asientos: Están situados en bancales a distintos niveles, con orientación SO. Además de las colmenas situadas sobre soportes, hay bidones con agua provistos de mangueras para llenar unas macetas de tipo jardinera a modo de bebedero para las abejas. Estas jardineras tienen piedras en el fondo para que al ponerles agua y acercarse las abejas a beber no corran riesgo de ahogarse.

Vegetación: La vegetación de la zona está compuesta principalmente por tajinaste y malpica. Además de esto hay vinagreras, higueras dispersas, castaños, dragos jóvenes y algunos codesos. Es zona de amapola de California. También hay bejeques, tuneras, tederas, zarzas, altabaca, balillos, cruzadillas, así como algunos viejos alcornoques y magarzas de dos especies. Con respecto a las jaras, abunda especialmente la jara de Montpellier y en menor número la jara morada o amagante.

Asiento con colmenas de tipo americano. Foto: autores.

Asientos Llano del Naranjo

Ubicación: Llano del Naranjo en torno a los 1000 msnm.

Sendero de acceso: Por la carretera TF-523 entre los puntos kilométricos 9 y diez, hay varias pistas en estado de abandono por las cuales se accede a pie a dichos enclaves.

Zona asientos Llano del Naranjo. Foto: autores.

Estos asientos estuvieron en explotación en el pasado. En la actualidad han sido abandonados. El lugar elegido tiene orientación Sur, con lo que la pared, que no es otra cosa que un dique natural, protegía las colmenas de los vientos fríos del Norte. La vegetación de la zona está compuesta mayoritariamente por matorrales y plantas de pequeño porte, con abundancia de tabaibas amargas (*Euphorbia lamarckii*) y presencia de tajinastes, chahorras, magarsas y jaras. El pinar está muy cerca del lugar. No debemos olvidar que dicho pinar es el resultado de las campañas de reforestación realizadas por D. Francisco Ortuño Medina junto con el también ingeniero de montes D. Luis Ceballos iniciadas en 1941. Desconocemos si el uso de estos asientos se inició con anterioridad a dichas campañas y si se prolongó hasta mucho tiempo después. En la actualidad, en el lugar no queda ningún resto de la actividad que se llevó a cabo allí, más allá de los restos de algunas paredes y las zonas de suelo que fueron allanadas para proporcionar una base estable a los corchos. Estos asientos se encuentran muy cerca de una zona conocida como "Las Arenitas".

Asientos las Arenitas

Ubicación: Las Arenitas cerca de los 1000 msnm.

Sendero de acceso por la carretera TF-523 entre los puntos kilométricos 9 y diez, hay varias pistas en estado de abandono por las cuales se accede a pie a dichos enclaves.

Como es habitual, orientado al Sur. Se observan restos de las paredes de protección que en su día se levantaron. Resulta evidente que lleva bastante tiempo en desuso. También en esta ocasión se aprovechó una pared natural para servir de abrigo que fue completado levantando las paredes de piedra seca que ya hemos mencionado en algunos lugares. No encontramos restos de corchos, colmenas o herramientas. El único vestigio de la actividad que en su momento se llevó a cabo en el lugar, a parte de las paredes y la nivelación de suelo que es habitual en estos emplazamientos, es una pequeña placa metálica olvidada entre las piedras.

Asientos Barranco Afoña

Ubicación: Malpaís de La Tapia, en alrededores de la cota 800 msnm.

Sendero de acceso: por el Camino de La Tapia, entre dicho camino y el corral, la casa, horno y la era, todo lo cual constituye una verdadera joya de la arquitectura rural de las medianías de Arafo que debe ser protegido y conservado.

Asiento: Protegidos por la vegetación típica de la zona que ha crecido en antiguas huertas hoy abandonadas, se encuentran dispersos, en diferentes grupos, asientos de colmenas americanas de no más de una docena cada uno.

Zona de asientos de Afoña. Foto: autores.

Asientos del Roque Cha Frasquita

Ubicación: Malpaís de La Tapia, 800 msnm.

Sendero de acceso: Por el camino de la Tapia, el asiento se encuentra al pie de un pequeño roque cerca de un antiguo camino empedrado. Dicho camino, que recorría buena parte de las medianías del valle, era, en su día, la cómoda vía de acceso para estos asientos. En la actualidad aún quedan restos del camino claramente visibles y en un aceptable estado de conservación. Sin embargo, en ciertos lugares prácticamente ha desaparecido tal y como suele ocurrir con estos antiguos senderos que han caído en el abandono y ya no son transitados.

Asientos: Da la sensación de que estos asientos han sido abandonados hace bastante tiempo. Como en casi todos los que hemos visitado, estos también tienen orientación sur, sur oeste, de manera que al levantar las paredes estas ofrecían protección frente a los fríos y húmedos vientos del norte.

Situados en las medianías nos ofrecen una amplia panorámica del valle. La vegetación que nos encontramos es mayoritariamente de matorral. El pinar se encuentra a cierta distancia, aunque hay algunos pinos dispersos por las cercanías.

En la actualidad los únicos restos que quedan de la actividad apícola que se llevó a cabo en el lugar en su día, son las paredes de protección que levantaron los colmeneros como abrigo para los corchos, así como la nivelación del terreno en varios lugares con el fin de ofrecer una superficie más estable. Con respecto a las paredes, vemos que en algunos lugares estas fueron levantadas con forma semicircular a modo de pequeños refugios individuales.

Restos antiguo asiento. Foto: autores.

Aparte de estos arreglos encontramos varios pedazos de madera, quizá restos de palés que pudieron utilizarse como base para los corchos. Por último decir que en estos asientos hay dos cubetas de agua de tamaño mediano. Desconocemos si fueron abandonadas allí al cesar la actividad apícola y en su momento tuvieron como fin almacenar el agua necesaria para las abejas o si fueron llevadas al lugar con posterioridad con el fin de guardar agua para otro cometido.

Asientos del Frontón

Ubicación: Malpaís de La Tapia, en altitud próxima a los 800 msnm.

Sendero de acceso: Aunque en su día tuvo que ser un camino bastante cómodo de recorrer, el abandono dificulta transitar por él. La vegetación de matorral ha crecido en abundancia invadiéndolo en muchos tramos. Actualmente hay que llegar hasta el lugar entre bancales y atravesar un malpaís.

Asientos: Es muy probable que este lugar fuera elegido para ubicar asientos de colmenas por la protección que el Roque de El Frontón ofrece ya que proporciona un excelente abrigo y protección en su cara Sur frente a los húmedos y fríos vientos del Norte. Además de esto, levantaron varias paredes en diversos lugares con el fin de completar dicha protección en los distintos asientos que salpican el lugar. La zona ofrece una amplia perspectiva del todo el Valle, siendo bien visible el Pico del Valle o Cho Marcial.

Colmenas en El Frontón.
Foto: autores.

Hay abundancia de vegetación de matorral, entre algunos pinos, aisladas y sabinas, con abundancia de tabaibas amargas y jaras, sin dejar de estar presentes los interesantes tajinastes, malpicas y otras plantas melíferas.

Se tiene constancia de que la actividad apícola se desarrolló en este lugar durante mucho tiempo, a pesar de estar abandonado en la actualidad. No hemos encontrado ni un sólo resto de corchos tradicionales, por lo que probablemente en su día fueron retirados por sus propietarios y no abandonados.

La particularidad de estos asientos es que existen varios pequeños recovecos, covachas, que fueron alteradas, colocando lajas y piedras a modo de suelo, a modo de asiento individual para una sola colmena ya que no es posible por las dimensiones de cada uno de estos recovecos para albergar más. También, como en otros asientos, hay otros huecos que tienen todo el aspecto de haber servido de pequeño almacén dónde guardar útiles, herramientas y demás.

En varios lugares son visibles los restos de paredes de protección, algunos bastante bien conservados, y de suelo empedrado que además de ofrecer una base estable para los corchos también los protegía, en cierta medida, de la humedad de la tierra.

El terreno en general no es excesivamente abrupto ya que no se encuentra, como otros, en la ladera de un barranco o en una pared.

En uno de los asientos localizamos un elevado número de colmenas de tipo americano que parecen abandonadas.

Si como ya hemos dicho, no encontramos ningún resto de corcho o de herramienta, sí que localizamos fragmentos de cerámica de Candelaria y varios trozos de obsidiana. Como curiosidad el hallazgo de un bote de cristal con tapa metálica en cuyo interior son visibles los restos de una sustancia oscura y de apariencia pegajosa. Sospechamos que se trata de meloja. No es el primero que encontramos en unos asientos abandonados. Algunos de los colmeneros con los que hemos tenido ocasión de hablar nos han comentado que en ocasiones la meloja ha sido utilizada para la elaboración de los "biberones" con los que alimentan a los enjambres durante periodos de floración escasa y sequía para ayudarlos a sobrevivir.

Asientos la Tapia

Ubicación: Camino la Tapia, en torno a los 800 msnm.

Sendero de acceso: Por el camino de la Tapia, al final de este, en un lateral se encuentran unas 5 o seis colmenas americanas, cerca de un antiguo camino empedrado antes de llegar al barranco La Tapia, límite municipal entre Arafo y Candelaria

Asientos La Caldera - El Rolo

Ubicación: Zona conocida como el Rolo en las medianías de Arafo a 950 msnm.

Sendero de acceso: Como es habitual, el camino antiguo de acceso que atravesaba las medianías dirección a la cumbre ha sido invadido por la vegetación y por el desuso por lo que en ciertos tramos se pierde del todo si bien en otros se adivina su presencia y se puede seguir su rastro entre el malpaís.

Asiento: Igual que hemos observado en muchos otros asientos, se aprovechó un dique natural para ser utilizado como pared principal de abrigo. A pesar que no quedar apenas restos en el lugar, su uso como asiento para colmenas queda claro por la presencia de restos de paredes, también es visible la alteración del terreno al pie del dique con el objeto de allanarlo y ofrecer estabilidad a los corchos. El único resto de materiales que encontramos consiste en una pequeña placa metálica, similar a las que hemos visto que han sido utilizadas para reparar corchos que se habían roto por alguna causa. No encontramos ninguna otra señal de la actividad realizada en este lugar en el pasado.

Asiento Los Charcos

Ubicación: Malpaíses al Este del Bco. de Afoña, a unos 700 msnm.

Continuando en dirección hacia la Villa de Arafo, un poco antes de llegar al bar Los Loros, en el margen izquierdo, sube una calle que es el acceso a las casas de esta zona. Precisamente, entre las dos casas hay una pista cerrada por una cadena con candado. Preguntamos a un vecino si conocía unos viejos asientos de colmenas que nos habían indicado que debían estar por las cercanías. Nos comentó que muy cerca había uno antiguo abandonado, aunque no creía que pudiera quedar nada porque años atrás vinieron algunas personas que estuvieron "rebuscando" y se llevaron cosas. Pero que en la actualidad se explota un asiento un poco más lejos de ese.

Antes de indicarnos la ubicación se puso en contacto con el propietario de las colmenas mediante llamada telefónica. Hablamos con él y le explicamos el trabajo que realizamos y nos facilitó la autorización para inspeccionar el lugar advirtiéndonos, eso sí, que las abejas estaban en plena actividad y que no debíamos acercarnos demasiado. Dándole las gracias por la autorización y al amable vecino por facilitarnos el contacto, nos dirigimos hacia el asiento en explotación.

Sendero de acceso: El acceso se realiza por la pista cerrada que hemos mencionado, francamente en buenas condiciones.

Asiento 1: En un pequeño bancal algo elevado, aunque no demasiado, con respecto al resto del terreno, hay dos colmenas americanas sobre un soporte realizado con tubos metálicos. En el suelo pudimos ver una garrafa de agua cortada con piedras en su interior para servir de bebedero a las abejas, que efectivamente se encontraban en plena actividad. Por debajo de este pequeño bancal, hay tres colmenas más, también modernas y colocadas en un soporte de tubos metálicos como las anteriores.

Asiento 2: Un poco por encima del asiento anterior hay una extensión un poco más amplia de terreno con algunas sabinas dónde hay 10 colmenas modernas grandes en sus respectivas bases, así como dos cajas pequeñas. Puede que estas cajas pequeñas estén destinadas a servir de reservas de reinas como nos han indicado que suele hacerse.

Vegetación: Nos llamó la atención la presencia de sabinas de distintas edades, bastante abundantes. Algunos ejemplares viejos y numerosos ejemplares jóvenes. No son producto de una repoblación, sino de dispersión natural. El resto de la vegetación de la zona está compuesta principalmente por tajinastes, magarsas, jaras de Montpellier, lavanda, tabaiba amarga, tuneras, zarzas, cruzadillas y tedera.

Una vez inspeccionados estos dos asientos desandamos el camino para dirigirnos al antiguo asiento señalado por el vecino y que fue abandonado. Es evidente que lleva mucho tiempo en desuso puesto que la vegetación ha crecido bloqueando por completo lo que en su día fue una vereda para llegar al asiento. Efectivamente, en el lugar no queda el más mínimo resto de la actividad llevada a cabo hace años.

Asientos El Negrito

Ubicación: Malpaíses al Oeste del Bco. del Negrito, cerca de la cota de 715 msnm.A unos 400 m al SE de los asientos del Frontón.

Sendero de acceso: Se accede por el conocido como camino El Negrito limitrofe con el municipio de Candelaria.

En un bancal se encuentran diseminadas un par de docenas de colmenas de tipo americano.

Otros asientos

En este apartado queremos mencionar cierto número de asientos en los que no hemos encontrado más indicio de su uso que el que nos han dado diversas personas de la Villa. Por supuesto, es más que probable que no estén referenciados todos y cada uno de los asientos de colmenas antiguos de la Villa de Arafo ya que su número es muy elevado.

Colmenas por Chivisaya

Ubicación: Situadas en la zona del mismo nombre. Cerca del lugar dónde el recientemente fallecido Nicomedes Carballo tenía sus cabras.

Las Hayas

Ubicación: Camino Galván en un bancal a unos 800 m sobre el nivel del mar.

La Montesina - La Montañeta

Ubicación: Camino las Montesinas, en un área dispersa se encuentran asientos de no más de tres o cuatro colmenas tipo americano entre los 500 y 700m de altitud.

ENTREVISTAS

Entrevista a Dª. Pilar Fariña Albertos

El jueves 23 de febrero de 2023, Dª. Pilar nos recibió en su domicilio en la Villa de Arafo. Es hija del que fuera propietario de los asientos de Bijache, D. José Fariña Marrero, fallecido el 14 de enero de 2002.

D. José junto a un corcho con panales. Colección familiar de Pilar Fariña Albertos.

D. José fue colmenero durante toda su vida. Se aficionó de pequeño de la mano de su abuelo materno, D. Braulio Marrero, también colmenero, que le enseñó cuanto sabía de las abejas y de su cuidado. De pequeño acompañaba a su abuelo y comenzó a hacer colmenas en cajas de fósforos y troncos de bejeques que ahuecaba con una navajita. A pesar de sufrir muchas picadas en los dedos, esto no hizo disminuir su entusiasmo.

De su abuelo heredó unas pocas colmenas, pero él llegó a tener más de 60 y producir una gran cantidad de miel que era muy apreciada. Aunque probó las colmenas modernas de tipo americano, prefería los corchos. Él argumentaba que en la naturaleza las abejas forman sus colmenas en los huecos de los troncos y que en los corchos se encuentran más a gusto.

Para fabricar los corchos, lo primero que hacía era buscar un tronco *"aparente"*. Entonces, lo cortaba del tamaño adecuado y comenzaba a vaciarlo por un extremo empezando por hacer agujeros muy juntos en el centro para proseguir retirando el material y ahuecarlo. Cuando llegaba aproximadamente a la mitad de la longitud del tronco, le daba la vuelta y continuaba por el otro extremo hasta vaciarlo completamente. A continuación ponía las crucetas de madera en las que las abejas hacen sus panales. Antes de introducir un enjambre, se aseguraba de que en el interior del corcho no hubiera ninguna tela de araña, ni ningún insecto vivo o muerto, ya que en ese caso, las abejas no querían entrar. Además, frotaba el interior con retama y tomillo principalmente, que son plantas que les gustan mucho, para hacer aún más confortable y atrayente la nueva colmena.

Los corchos se reforzaban con aros metálicos en sus extremos o en las zonas intermedias para protegerlos de roturas o para evitar que se abrieran, también se remendaban con latas cuando era necesario, tal y como pudimos comprobar en nuestra visita a los asientos de Bijache y hemos detallado al describir los corchos que aún se encontraban en el lugar.

D. José elaboró corchos de diversas maderas tales como pimentera, acebiño, eucalipto, pino. Su preferida era la palmera por ser muy ligera y resistente, además de contar con la ventaja de no picarse. De drago no llegó a fabricar ninguna él mismo, ya que nunca encontró uno muerto con un tronco aparente y no "iba a matar un árbol tan viejo". Esto nos habla del profundo respeto por la naturaleza que sentía D. José.

La razón para escoger Bijache como lugar para establecer un asiento fue la abundancia de retama amarilla en la zona, que le gusta mucho a las abejas y produce una miel de excelente calidad. Además también hay gran cantidad de tomillo, tajinaste y escobón. Aunque las abejas prefieren las tres primeras a este último. Todo esto vino a confirmar nuestra inicial intuición sobre los motivos que llevaron a elegir Bijache para establecer el colmenar.

Su hija nos comentó que al principio hacía el trayecto a pie por el camino de Candelaria, posteriormente, comenzó a ir con una yegua de su propiedad por la pista que sube desde la Villa, y finalmente adquirió un todo terreno con el que fue durante los últimos años.

Las colmenas permanecían durante todo el año en el asiento. No hacía trashumancia. Tan sólo en alguna ocasión muy particular, bajó alguna colmena. Normalmente esto era debido a alguna enfermedad o si consideraba que las abejas de algún corcho estaban débiles por cualquier motivo.

Para ayudar a sus abejas a sobrevivir al invierno les preparaba "biberones" con una especie de almíbar de agua y azúcar. Estos "biberones" los preparaba en los inviernos especialmente crudos o si la primavera y el verano habían sido de poca floración y por lo tanto, no quedaba miel suficiente en el interior de las colmenas para que sobrevivieran las abejas durante todo el invierno.

D. José trabajaba no se dedicaba a las colmenas a tiempo completo. Compaginaba esta actividad con las tareas de la agricultura. Por las mañanas trabajaba en sus huertas y era por la tarde, después de las 4, cuando podía subir a ver las colmenas. Iba a verlas y cuidarlas casi a diario y especialmente en la época en la que salen las nuevas abejas de las celdillas. Vigilaba sobre todo el nacimiento de nuevas reinas, ya que cuando esto ocurre, la vieja reina se posa fuera de la colmena y parte de la población de la misma se reúne a su alrededor para formar un nuevo enjambre que debe salir a buscar un lugar adecuado para fundar una nueva colonia. Lo que hacía D. José era esperar a que el enjambre se formase en torno a la nueva reina y lo cogía con cuidado para depositarlo en un corcho preparado con antelación. Si por algún motivo tenía la mala fortuna de no poder subir justo cuando nacía una o varias nuevas reinas, estas se iban con el enjambre y en alguna ocasión, se encontró con corchos prácticamente vacíos por esta causa. También ocurrió en alguna oportunidad que a pesar de estar presente y depositar el nuevo enjambre en un corcho, finalmente, por algún motivo, la reina no lo consideró adecuado y se fue, llevándose las abejas con ella.

Se sentía muy orgulloso de la gran producción de reinas que llegó a tener, porque esto es síntoma de colmenas sanas, cuidadas y bien alimentadas.

Su hija nos contó que aunque disponía de ropa protectora, la mayor parte de las veces manipulaba las abejas sin guantes y con el *"capirote"* levantado porque le estorbaba. Las fotografías que nos enseña dan fe de esto. Aun así, casi nunca llegaron a picarle puesto que siempre las manipulaba con mucho cuidado y gestos suaves. Tan sólo en una ocasión sufrió un accidente grave: mientras caminaba con un corcho, tropezó y éste cayó al suelo. Las abejas, al sentirse en peligro, lo atacaron y recibió tal número de picaduras que tuvieron que llevarlo de urgencia a Güímar, al centro de salud, para salvarle la vida.

Otro incidente tuvo lugar tiempo después cuando una de las personas que habitualmente iban con él para realizar el castrado de las colmenas, D. Basilio recibió una picadura. Resultó que D. Basilio era alérgico a las abejas y sufrió un shock anafiláctico. Por suerte, la rápida atención que recibió en el centro de salud de Güímar evitó un desenlace fatal.

La castración de las colmenas, o recolección de la miel, tenía lugar a finales de agosto. Para esta labor, a D. José solían ayudarle, además del ya mencionado D. Basilio, D. Francisco, D. Bernabé y D. Pedro, vecinos de Arafo.

Pilar nos mostró las dos castradoras que utilizaba su padre. Ambas son de hierro, con mango de madera. Una de ellas de mayor longitud, termina en una pequeña espátula, que sin duda la convierte en una herramienta muy útil para separar los panales de las paredes del corcho. La otra, aproximadamente de la mitad de tamaño, termina en una pequeña punta, con forma de uña doblada perpendicular al cuerpo de la herramienta y muy adecuada para separar los panales entre sí.

El cuchillo que usaba D. José era un cuchillo de tamaño medio y hoja con un sólo filo recto.

Lo primero que se hacía para proceder al castrado era preparar el soplete con hierbas y bosta de vaca. Esta última sirve para atontar y ahuyentar a las abejas ya que no les gusta nada ese olor. Una vez, que las abejas, o la gran mayoría de ellas, habían abandonado el corcho, se procedía a separar, con las castradoras, los panales de las paredes de este y entre sí, para extraerlos. Una vez fuera se iba raspando la miel con el cuchillo para introducirla en el zurrón. El raspado debía ser muy cuidadoso para no dañar las celdas dónde había huevos o larvas. El corcho no se vaciaba completamente ya que es preciso dejar miel para que el enjambre se alimente y sobreviva al invierno.

La miel así obtenida debe colarse, como ya sabemos. Para ello pidió a un carpintero que le hiciera una burra, un armazón, con varios palos verticales de forma que pudiera colgar la bolsa, o zurrón dónde había guardado la miel, bajo la burra ponía un recipiente en el suelo con un colador encima y abría o cortaba, el zurrón o la bolsa, de manera que la miel fuera cayendo y pasando por el colador. La miel, una vez colada, era envasada en botes de cristal y cerrada herméticamente sin más manipulación.

También obtenía cera. Para ello, cogía panales sin huevos o larvas, a los que les habían sacado la miel y los hervían. A continuación, los panales hervidos se introducían en un saco, entonces dos personas, cada uno por uno extremo, comenzaban a retorcer el saco sobre un recipiente con un poco de agua en el fondo. Una tercera persona provista de la herramienta llamada "estralla", comenzaba a presionar el saco para que la cera goteara sobre el recipiente con agua. De esta manera se solidificaba y formaba un bloque. La estrella utilizada por D. José es de madera de naranjo y fue fabricada por él mismo.

Aunque produjo cierta cantidad de cera, nunca llegó a hacer velas. Siempre quiso saber cúal era el procedimiento, pero no lo averiguó. En una ocasión, nos relata Dª. Pilar, se enteró de que una Sra. en Santa Úrsula las hacía de manera artesanal y se acercó al lugar para preguntarle, pero ella se negó a darle la información necesaria.

Otro producto que elaboraba era la meloja, que es una especie de jarabe o melaza. Para ello también usaba panales ya vaciados de la miel pero que aún conservan un resto. Los introducía en un caldero con un poco de miel y comenzaba a guisarlos con leña mientras removía. Se trataba de un procedimiento

Piezas de cera de abeja propiedad de Pilar Fariña Albertos.

largo y penoso puesto que los panales debían hervir durante varias horas y durante todo el proceso no podía dejar de removerse el contenido. El resultado es un jarabe espeso, no tan dulce como la miel y un ligero sabor a azúcar quemada. Quizá lo que más se le parezca sea la miel o jarabe de palma, nos comenta Pilar.

Bijache, rumbo al Asiento nº 1, con tajinastes. Archivo familiar de Pilar Fariña Albertos.

La meloja era para consumo propio y nunca llegó a venderla. Nos informó Pilar que no es del gusto de todo el mundo porque viniendo de la miel esperan que sea más dulce.

D. José utilizaba su todo terreno para llevar la miel a sus clientes. También eran muchas las personas que se acercaban a su domicilio para comprarla. Se trataba de un producto de gran calidad y muy apreciado.

Pilar nos comenta que su padre se comunicaba con las abejas, a las que cariñosamente llamaba "mis niñas", a su manera. Daba suaves golpes y estas le respondían zumbando. Siempre las trató con mucho cuidado y suavidad y cuando veía que otras personas movían sus colmenas con brusquedad y dando golpes no le gustaba y decía que con razón les picaban.

Cuando le preguntamos por la fecha en la que su padre inició la actividad en el asiento de Bijache, nos muestra el permiso expedido por ICONA y fechado el 28 de abril de 1980. El asiento estuvo activo hasta 1996. Esto fue debido a que el 10 agosto de 1995 D. José sufrió un ictus que lo mantuvo postrado. Ese mismo año, los compañeros que siempre le ayudaron a castrar las colmenas, subieron y realizaron la cosecha. Lo mismo ocurrió al año siguiente, 1996. Cree recordar que también lo hicieron en 1997, pero no está segura del todo. Finalmente las colmenas quedaron desatendidas. Pilar no quiso vender ningún enjambre, ni los corchos. Recuerda que su padre le pidió, poco tiempo antes de fallecer, que no le pusiera *"luto a las abejas"* y nos habla de esa curiosa costumbre.

Entrevista a D. Fernando Mesa Fariña (Nando)

Fernando Mesa Fariña.
Foto: autores.

Nos explica que esto se hace en realidad porque al ir a ponerlo y comprobar que sigue puesto y que todo está bien, te acuerdas de ellas y las atiendes. De no hacerlo en esos días tan duros que siguen a la pérdida de un ser querido, no te acordarás de las colmenas y quedarán desatendidas durante un largo periodo de tiempo durante el cual pueden ocurrir varias cosas que hagan desaparecer a las abejas, tales como fallecer los enjambres por hambre, en caso de un invierno duro sin la ayuda de *"biberones"*, haber nacido varias reinas que, junto con la vieja reina, se han llevado a la mayoría de las abejas quedando los corchos prácticamente vacíos o incluso sucumbir a consecuencia de incursiones de ratones y lagartos. Para evitar los ataques de estos pequeños predadores, nos cuenta, es necesario disponer unas barreras, normalmente de plástico, que hay que reponer a menudo.

Nos despedimos de Pilar y de su hija, agradeciendo la cordial acogida recibida y la valiosa información facilitada que además de aportarnos importantes datos sobre estos asientos y todo lo concerniente a la fabricación, mantenimiento de los corchos, cuidados de los enjambres y recolección de la miel, nos ha permitido sobre todo dibujar una semblanza de D. José, el propietario del asiento de Bijache. Un hombre amante de su oficio y de la naturaleza que trabajó de colmenero durante la mayor parte de su vida. Una labor que llevó a cabo, tal y como diríamos hoy utilizando un término muy en boga, de manera sostenible.

Nos pusimos en contacto con D. Fernando Mesa Fariña, ya que durante la mayor parte de su vida se ha dedicado a esas labores en el Valle de Güímar y sus cumbres. El jueves 20 de abril de 2023, en las inmediaciones de la plaza del ayuntamiento de Arafo tuvimos ocasión de entrevistarlo. Nos recibió y atendió con la mayor amabilidad.

Mantuvimos una animada charla durante algo más de una hora disfrutando del magnífico día y descubriendo muchas cosas acerca de la profesión de su mano. No mantuvimos una entrevista tal y como suele entenderse esta palabra. No le hicimos una batería de preguntas que él contestó. En realidad, tal y como hemos comentado, se trató de una instructiva y animada charla.

Lo primero que nos cuenta es que heredó las colmenas de su padre, como él lo hizo del suyo. Así que la profesión lleva en su familia al menos desde su abuelo, siendo de resaltar que todos los hermanos de su abuelo poseían colmenas. Nos dice con lástima que con él se acaba el oficio en la familia ya que su hija no puede proseguir con la tradición por padecer una grave alergia a las abejas.

Aprendió el oficio de su padre siendo un niño. Durante la adolescencia, con 15 o 16 años, empezó a hacerlo por su cuenta con un amigo, el mismo con el que continuó trabajando las colmenas toda su vida. Mientras D. Fernando aportó en su momento 8 o 10 corchos que heredó de su padre, su amigo sólo tenía 4 o 5, aun así, siempre quiso ir a medias en el reparto de la miel sin dar mayor importancia a quien poseía más colmenas. Entre ambos llegaron a tener 53 colmenas, aunque la mayoría fueran propiedad de D. Fernando. Hace 2 o 3 años, nos comenta, tuvo que dejar de ir a las colmenas por problemas de salud, afortunadamente no graves y cedió las suyas en propiedad a su amigo.

Si bien su padre y su abuelo utilizaron siempre corchos y así empezó él, con el tiempo comenzó a utilizar las colmenas americanas que son más cómodas de trabajar y permiten producir mayor cantidad de miel. Nos comenta que mientras de un corcho puedes sacar de 3 a 4 litros de miel, de una americana sacas entre los 12 de un año malo hasta casi 30 en los años buenos.

Nos relata cuál era el proceso de fabricación de los corchos que ellos utilizaban: Primero procedían a descorchar los alcornoques (*Quercus suber)* que ya servía como corcho y de la encina (*Quercus ilex*) lo que utilizaban era una parte del tronco para ahuecarlo y fabricar el corcho. Ambas especies son introducidas en las islas. El siguiente paso era cerrar por la zona del corte para darles forma cilíndrica, en el caso del corcho de alcornoque. Utilizaban ese material porque no precisa matar al árbol que continúa creciendo y vuelve a producir corteza. La recolección del corcho se realizaba en abril o mayo, no recuerda exactamente la fecha. Si utilizaban drago o palmera, sí que era necesario vaciar un tronco, lo mismo que con la encina; no obstante esto lo hacían sólo si encontraban el drago o la palmera ya muertos, nunca cortaron un ejemplar vivo. Nos cuenta que hubo ocasiones en las que también llegó a hacerlas con tablas de pino.

Independientemente del material utilizado para hacer las colmenas, en el interior de los corchos disponían las crucetas, usualmente 3, para que las abejas hicieran los panales. Dichas crucetas reciben el nombre de tranquillas, según nos comentó D. Fernando, para elaborarlas ellos utilizaban preferentemente Cardo Cristo (*Carlina salicifolia*), también conocida como cabezote o cardo de risco y malpica, ya que esta planta tiene unas varas de unos 60 cm. de largo con un grosor aproximado al de un cigarrillo; además de contar con la ventaja de no tener que retirar más que alguna hoja, ya que no presenta ramas ni brotes laterales.

Lo último que fabricaban era el témpano, nombre que recibe la tapa que se le pone al corcho. Para hacer este siempre utilizaban el mismo material, el corcho o corteza de pino que recortaban del tamaño adecuado.

Nos cuenta que practicaban la trashumancia. Durante el invierno, bajaban los corchos y colmenas a la costa. No tenían un lugar fijo. La ubicación podía cambiar de un año a otro. Dónde vieran abundancia de flores, allí instalaban sus corchos. Entre el 10 y el 15 de mayo las subían a la cumbre.

Detalle del cartel elaborado en cemento, interior de Cueva Meña o Guadameña.

En este caso si se trataba siempre de los mismos enclaves. Los lugares elegidos eran Guadameña, el Llano de la Rosa (La Orotava), Ijeque (Güímar) y otras zonas cercanas como el Corral de Los Lucas, la mayoría de ellas en las cumbres de Arafo.

Nos relata que el traslado lo realizaban a pie, durante su juventud, cargando los corchos y colmenas en varios viajes ya que no tenían bestias. Para subir a la cumbre utilizaban un camino que discurre por el monteverde, por el Lomo del Agua, hoy poco transitado. El camino actualmente utilizado, que pasa por el volcán de Las Arenas, es muy nuevo. Los últimos años sí que pudieron hacer el traslado con un vehículo todoterreno que ya poseían.

Cuando le preguntamos cuando solían atender las colmenas nos dijo que normalmente iban a las colmenas por la mañana muy temprano, especialmente en el momento de la salida de los enjambres. Nos explica que aunque hubieran comenzado a enjambrar por la tarde, después de las 2, sabían que aguantan sin salir volando y desaparecer hasta que este termina de formarse, lo que les lleva algunas horas y como no vuelan de noche, estaban seguros que no se irían antes de llegar por la mañana. Nos comenta que a eso de las 9 normalmente ya estaba el enjambre formado y casi listo para volar. Ese era el mejor momento para cogerlo.

Este comportamiento se produce porque ha nacido una nueva reina en la colmena, por lo que la vieja debe fundar otra colonia y sale formando un enjambre de obreras a su alrededor que serán las que se irán con ella, es lo que se conoce como jabardo. Puede además ocurrir en algunas ocasiones que hayan nacido dos reinas jóvenes, con lo que una de ellas también se irá de la colmena con otro jabardo. En cada colmena sólo puede haber una abeja reina.

Con respecto al ciclo reproductivo de las abejas, nos explica que la reina vieja que se va puede poner los primeros huevos a los dos o tres días de fundada la nueva colonia puesto que ya sale fecundada. Sin embargo las reinas jóvenes primero deben ser fecundadas; esto suele ocurrir en torno a los 8 o 9 días. Tras otros 8 o 9 días realizan las primeras puestas. Cada reina puede poner entre 2.000 y 2.500 huevos diarios. Los huevos de obrera tardan 21 días en eclosionar, los zánganos 24. Nos comenta que para las reinas no hay un número de días fijos. El periodo puede variar. Los años con abundancia de comida tardan menos, cuando hay escasez, más.

Como precaución hacía reservas de reinas en prevención de años en los que pudieran llegar a perder colonias completas fuera debido a adversas condiciones climáticas, a causa de una floración escasa, una posible enfermedad o sencillamente se escaparan los jabardos. Para ello durante los años buenos retiraba algunos mestriles, que es el nombre que reciben las celdillas dónde se desarrollan futuras reinas y los ponía en corchos pequeños, llamados núcleos. Cuando una colmena iba agotándose ponía esos mestriles en ellas para que salieran jabardos que procedían a recoger y guardar en las colmenas o corchos.

La castración de las colmenas es un proceso muy delicado en el que hay que tener especial cuidado de no dañar las celdas dónde están los huevos. En el caso de los corchos, suelen ser las que se encuentran ubicadas en el centro. En el de las americanas sin embargo, insiste, es más fácil apartar los panales de cría sin dañarlos porque están en la parte de abajo.

La extracción de miel la hacían siempre en junio, por San Pedro. Para ello primero ahumaban los corchos para alejar a las abejas y que las que permanecieran dentro quedaran al fondo. Entonces iban castrando los panales cuidando no dañar los huevos y larvas y además dejando alimento suficiente para que el enjambre sobreviviese al invierno. Para purificar la miel, sencillamente, la vertían en un recipiente con un grifo en la parte baja y esperaban a que las impurezas subieran debido a que estas son menos densas que la miel. De esta manera podían ir sacando la miel limpia por el grifo y envasándola. La miel que quedaba con las impurezas era nuevamente introducida en los corchos para que las abejas la aprovecharán.

Como ya hemos explicado con anterioridad y nos confirmó D. Fernando durante la entrevista, en el caso de las colmenas americanas, el proceso de castración resulta más rápido y sencillo. Los panales se extraen de la colmena dejando los de la zona en que se encuentran los huevos y larvas; a continuación se introducen en una centrifugadora y el resultado es una miel limpia de impurezas directamente.

A continuación le preguntamos por el tipo de miel que producían. Nos dice que siempre produjo miel de mil flores, si bien la de de las colmenas que colocaba en el Corral de Los Lucas salía una miel blanca y de gran calidad debido a que allí hay mucha retama amarilla (*Teline spachiana*), corazoncillo de flor amarilla *(Lotus campylocladu*s subsp. *campylocladus*) y tajinaste sureño (*Echium virescens* var. *angustissimum*) casi exclusivamente.

También obtenían polen, que recogían directamente de las colmenas y dejaban secar al sol. Ese era todo el proceso que necesitaba el producto.

Aunque llegaron a producir jalea real no nos pudo decir cuál es el procedimiento de elaboración ya que se limitaban a recolectar la materia prima de las celdas dónde las obreras la depositan, siempre muy poca cantidad cada vez, un par de cucharadas, y la llevaban a una farmacia en Santa Cruz que era quien elaboraba y comercializaba el producto.

Para consumo propio, hacía meloja. Para ello cogía los panales a los que ya había sacado la miel, los enjuagaba bien con agua y esa agua con los restos de miel, la hervía durante horas hasta conseguir un cocimiento con textura espesa.

Aunque su padre sí llegó a producir cera con la estralla, él y su amigo nunca lo hicieron.

Lo siguiente por lo que le preguntamos es sobre el cuidado y mantenimiento que precisan las colmenas. Con respecto a esto nos cuenta que en los años malos, en los que la floración no había sido abundante, preparaban biberones para ayudar a las abejas a sobrevivir. Para hacerlos, ponían a hervir agua, le añadían azúcar en abundancia hasta formar un almíbar, a continuación echaban un vaso de vino blanco y unas piedras de sal. Además de estos biberones, les dejaba recipientes con agua para que pudieran beber, especialmente en los veranos muy secos.

Queremos apuntar, para quienes deseen hacerlo, que podemos disponer en nuestras terrazas, ventanas, balcones y azoteas recipientes con un poco de agua, colocando piedras en su interior para que las abejas no se ahoguen al ir a beber, además de otros con la mezcla de agua con azúcares, se puede usar miel para su elaboración. Esta sencilla práctica es una importante ayuda al alcance de la población para que no desaparezcan las abejas, entre otros insectos polinizadores.

Cuando le preguntamos sobre las enfermedades y plagas a las que tuvo que hacer frente, nos comenta que nunca tuvieron grandes problemas de enfermedades con las abejas porque sólo tenían abejas negras canarias, confirmando la mayor resistencia de esta especie a las enfermedades. Nos cuenta que si bien las de fuera, la amarilla o la híbrida, son más productivas, también son más agresivas y sensibles a las enfermedades.

A la abeja negra sólo le atacaba el piojillo, un poco molesto pero no mortal. Si había una infestación muy fuerte y llegaban incluso a invadir a la reina, para eliminarlos cogían hojas de tabaco seco y con eso ahumaban la colmena matando a los piojillos.

Nos cuenta que conoce que en la actualidad hay casos de varroa (ácaro parásito externo de abejas en su estado juvenil) que sin duda es un problema grave porque ataca a los huevos y larvas y las obreras ya nacen deformes.

Con respecto a otras plagas, como lagartos, nos dice que sí que se comían alguna abeja, pero que no llegaban a ser un gran contratiempo. Si veían que había demasiados lagartos por la zona que pudieran causar daños, ponían trampas, pero que nunca constituyeron un grave problema porque además los lagartos prefieren atacar a los zánganos en vez de a las obreras. También algunas aves insectívoras las atacan, como las andoriñas, pero nunca han supuesto una amenaza grave para las colonias. Cuando le comentamos si conoce la preocupante situación a nivel mundial de las abejas dónde mueren colmenas completas y se teme por la supervivencia de la especie, nos confirma que sí que ha escuchado esas noticias, pero que de momento, la abeja canaria no se está viendo amenazada.

Durante la entrevista pudimos comprobar el profundo respeto por la naturaleza que profesa y el amor que aún siente por el que siempre fue su oficio, el de colmenero.

Nos despedimos de D. Fernando agradeciendo la valiosa información facilitada y sobre todo su cordialidad.

Entrevista a D. Ricardo Rodríguez Fariña

Ricardo Rodríguez Fariña.
Foto: autores.

El 8 de junio de 2024, mientras hacíamos una salida de campo en busca de asientos, antiguos y aún en explotación, para poder estudiarlos y describirlos. Nos dirigimos a la zona recreativa de Los Frailes dónde nos habían indicado la existencia de asientos. Nos encontramos el acceso cerrado por una valla puesto que a consecuencia del incendio (2023), se han producido desprendimientos y el tránsito por el mismo puede ser peligroso. Mientras decidíamos hacia dónde nos íbamos a dirigir a continuación nos cruzamos con un todo-terreno. Nos acercamos para preguntarle si conocía los asientos que estábamos buscando. Nos comentó que sí que los conocía ya que su familia se había dedicado a la apicultura durante varias generaciones.

Gratamente sorprendidos por la casualidad que has había llevado a tropezarnos con él le preguntamos si tendría tiempo para hablar con nosotros ya que realizamos un estudio de la apicultura en Arafo a lo largo de la historia y nos sería de gran ayuda contar con su testimonio.

D. Ricardo nos contestó afirmativamente y así comenzamos una animada e instructiva conversación en la que inmediatamente comenzamos a tutearnos.

Nuestra primera pregunta fue sobre el tiempo que hacía que su familia desarrollaba esta actividad. Nos comentó que todo comenzó con su abuelo materno. Cuando nos dijo que su abuelo se llamaba Pepe, que era conocido con el apodo de el Cambado y que a partir de él toda la familia había pasado a ser conocida con el sobrenombre de Los Cambados no pudimos evitar exclamar con alegría:

"¿De verdad? Hacía tiempo que queríamos contactar con algún miembro de la familia porque nos habían comentado que eran muy conocidos entre los colmeneros. ¡Qué casualidad!".

Ricardo nos explicó en primer lugar de dónde proviene este curioso mote. Su abuelo emigró, como tantos canarios de la época, a Cuba para trabajar. Allí sufrió un accidente al caer encima de él una hoja de palmera. Este percance le dejó secuelas y lesiones de por vida por lo que no podía caminar bien erguido. Al regresar a Arafo y ya que no podía caminar derecho, empezaron a llamarlo

Pepe el cambado y así nació el sobrenombre por el que los vecinos conocen a su familia.

Nos relata que al regresar de Cuba comenzó su actividad con los corchos. Que los colocaba en La Canal Alta, por el barranco de las Gambuesas, en las inmediaciones de la galería de El paso. Sus hijos varones prosiguieron con la actividad.

Cuando le preguntamos si en alguna ocasión durante su infancia y juventud había acudido a trabajar con las colmenas, nos contesta que sí con una gran sonrisa. Nos relata la anécdota de que en ocasiones le dolían tanto los dedos por las picaduras de abejas que se le entumecían y no podía moverlos. Nos sorprendió que no utilizara guantes, capirote o algún tipo de protección. Nos asegura que no. Que ni él ni su primo, de una edad parecida a la suya, usaron jamás protección. Nos refiere que cuando tenían unos 11 o 12 años, edad con la que comenzaron a trabajar con los corchos, su labor consistía entre otras cosas, en ayudar cuando las trasladaban y nos dice que si quien te las daba lo hacía mal, con el agujero de la rejilla por dónde entraban y salían las abejas mirando hacia tus manos, estas te picaban para defenderse y que por supuesto, dolía y mucho.

A modo de consuelo le decimos que entonces es probable que no sufra reúma y artritis a lo que nos contesta que efectivamente, no tiene ninguna dolencia de las articulaciones.

Le apuntamos que de manera tradicional se ha usado en Canarias el veneno de abejas para luchar contra estas enfermedades y que en la actualidad se están llevando a cabo diversos estudios médicos que parecen apoyar este uso por las propiedades antiinflamatorias del veneno de las abejas.

Prosiguiendo con la entrevista le preguntamos si recuerda que tuvieran algún otro asiento aparte de el de la Canal Alta. Nos responde que tres. El primero cerca del refugio de Ayosa, le contestamos que precisamente hacía poco que habíamos visitado el lugar que se ubica en la Degollada Castellanos–Lajial del Roque Acebe. Por lo que ya podemos asegurar que en esos asientos realizó su actividad apícola la familia de Los Cambados.

El segundo enclave que nombra está en las cercanías del actual mirador de La Crucita. Bajando por el camino de los romeros en dirección hacia Güímar.

El tercer emplazamiento es en Guadameña. Asientos muy conocidos, aún en actividad. Probablemente los asientos de más dilatada existencia ya que se tiene constancia de la actividad en la zona al menos desde 1794 gracias a la inscripción que figura sobre la puerta del refugio que se encuentra en el lugar.

Continuando con su relato, nos cuenta que entre los 12 y los 15 años más o menos él y su primo subían para ayudar con las colmenas. Cuando había que hacer la trashumancia lo hacían a pie. Subían desde Los Frailes hasta los asientos situados en la cumbre por el monte. Con una sonrisa nos dice: "Hoy le dices a un chico de esas edades que hacíamos eso y no se lo cree y si les preguntas si quieren hacerlo ellos, imagínate. Pero a nosotros nos gustaba".

A continuación le preguntamos si recuerda en qué fechas se bajaban de la cumbre. No lo recuerda exactamente. Lo que sí recuerda es que se hacía tras castrarlas, por que la castración se hacía arriba. Pero no nos puede decir alrededor de qué fecha lo hacían.

Le preguntamos si en la actualidad algún miembro de la familia continúa con la actividad. Nos dice que por desgracia no. Los que heredaron el trabajo de su abuelo fueron sus tíos y que murieron sin tener hijos con lo que la apicultura en la familia acabó con ellos. Nos comenta que él no conserva ninguna herramienta o corcho de los de su abuelo pero que sabe que un primo suyo sí que guarda varios corchos, algunos de los cuales ni siquiera llegaron a ser estrenados puesto que no les habían puesto las tranquillas. Nos dice que el único miembro de la familia que aún puede contarnos algo de cómo se trabajaban los corchos puede ser su tío político, D. Nicolás Santana, que sí que tuvo colmenas.

Corchos de palmera canaria y, probablemente, de drago.
Foto: autores.

Le pedimos que nos diga si conoce a alguien más que pueda facilitarnos información sobre este interesante tema. Tras pensarlo durante unos segundos nos nombra a D. Pablo, conocido por Pablito en Arafo, que en la actualidad debe rondar los 87–88 años, según calcula, ya que tenía colmenas por dónde Nicomedes, el famoso cabrero de Arafo fallecido recientemente.

Recuerda que D. Pablo le contó que una vez fue con su yerno para que le ayudara y que a este le picaron las abejas. Al parecer el yerno era alérgico a la picadura de abeja. Por fortuna lo sabía y llevaba una inyección para esos casos, probablemente epinefrina, y que gracias a eso no se murió, pero que D. Pablo se llevó un buen susto, como es lógico. También recuerda que Dª. Carmita la de Nicolás Pitita, prima de su madre, podría hablarnos del tema puesto que su marido tuvo colmenas hasta que murió.

Dándole las gracias por el tiempo que nos ha dedicado y la valiosa información que nos ha facilitado nos despedimos de Ricardo.

Entrevista a D. Pablo Batista Flores

El 18 de julio de 2024 tuvimos la oportunidad de entrevistarnos con D. Pablo Batista Flores que nos recibió en su domicilio. Lo primero que hizo fue enseñarnos unas miniaturas de colmenas americanas, hechas por él con todo lujo de detalles, para proceder a explicarnos cómo se trabajan.

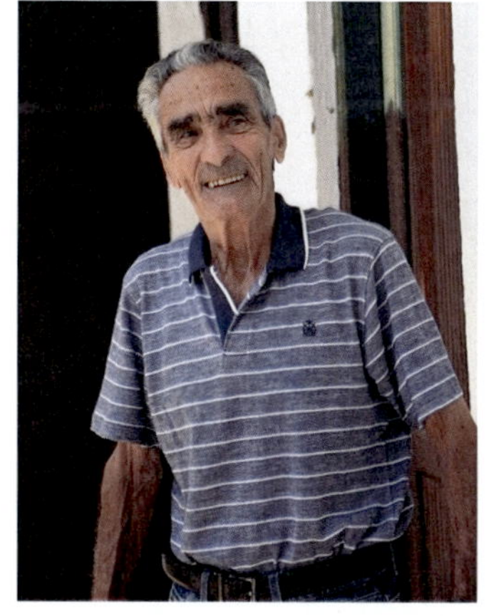

Pablo Batista Flores.
Foto: autores.

Levantó la tapa y en su interior pudimos ver los marcos móviles. Nos explicó que aunque en la maqueta había puesto cinco, las colmenas reales tienen diez marcos por caja.

Nos sorprende que incluso les ha puesto cera, la atención al detalle de estas reproducciones hechas por él no deja de asombrarnos.

Continuando con la explicación, nos dice que la cera que se usa es la de las abejas, no puede ser otra. Nos explica que la colmena moderna tiene dos partes, que llaman alzas, entre una y otra se pone un separador cuya función es hacer que el espacio para llegar a esa alza superior sea tan estrecho que la abeja no pueda pasar con nada en las patas, es decir, nada del polen que transporta. “¿Eso qué quiere decir?” nos comenta, “que en esta parte sólo tienes miel”. “Cuidado, en la de abajo también tienes miel pero esa es la que vas a dejarles a ellas". Esto debe hacerse así para dejar a las abejas alimento suficiente para ellas y para alimentar a las larvas de las siguientes generaciones.

El marco vacío de miel, se les coloca en la parte de abajo para que ellas aprovechen lo que pueda quedar. Nos explica que para que pasen el invierno se retiran las alzas innecesarias, las que ya están vacías porque para conservar el calor no deben tener tantas cámaras vacías.

Tras explicarnos cómo se castran las colmenas americanas, nos enseña otra maqueta. En esta ocasión es la reproducción de un asiento con corchos tradicionales, cuatro en concreto, a los que no les falta ningún elemento, como la anterior. Hasta las tranquillas del interior.

Con las miniaturas en la mano, nos explica que las abejas comenzaban a fabricar los panales colocando la cera de las tranquillas de arriba a las de abajo. Para castrarlas, se levantaba el témpano y con las castradoras se iban separando de las paredes del corcho y entre sí.

Le pedimos que nos confirme por dónde se dejaba el hueco para que las abejas entraran y salieran de los corchos, puesto que los témpanos se colocaban incluso dejando una piedra encima para que el viento no los levantara. Nos cuenta que a la hora de poner el corcho en el suelo, se dejaba con unas pequeñas calzas para que la parte frontal quedase ligeramente levantada y por ahí entraban y salían las abejas.

Continúa con la explicación del procedimiento para castrar un corcho. Nos cuenta que tras levantar el témpano y sacar los panales con miel, teniendo mucho cuidado de no dañar los que tienen a las crías, se ha de tener cuidado también de dejarles alimento suficiente. Los panales cargados de miel se introducían, con cera y todo, en unos zurrones.

A nuestra pregunta de si se trataba de zurrones de cabra o de baifo, nos contesta que de cabra, bien pelados y preparados. El zurrón se iba llenando. A continuación se procedía a vaciarlo apretando bien para extraer toda la miel de su interior.

Nos relata que en el caso de los corchos, se tenían que preparar bien los asientos y procurar que tuvieran alguna pequeña techumbre para protegerlos de la lluvia. Además, se preparaban paredes de protección, especialmente para protegerlos de los vientos del norte. Los corchos se colocaban en el asiento con la entrada de las abejas orientada al Este, para que el sol las calentase desde las primeras horas del día.

Lo siguiente que queremos saber es si para distinguirlas, siempre llaman corchos a las tradicionales dejando para las modernas de tipo americano el término colmena. Nos confirma que sí. Que cuando se refiere a las tradicionales habla de corchos, no de colmenas.

No nos sabe decir en qué fecha empezaron a llegar las colmenas americanas para sustituir a las tradicionales. Sólo que todo el mundo empezó a cambiarlas porque las modernas, además de más cómodas, son mucho más productivas. Además de esto, la colmena moderna está más protegida por su propia estructura frente a las inclemencias del tiempo.

A todo esto se suma que mientras que una colmena americana la puedes trasladar para llevarla a casa o a cualquier otro lugar y castrarla tranquilamente, en el caso de los corchos esto no es posible y tienes que castrarlas en el mismo asiento dónde las tienes.

Nuestra siguiente pregunta es sobre los lugares dónde puso sus asientos. El primer lugar que nos nombra es Chivisaya. Además nos dice que también en Las Hayas, dónde tiene un terreno, solía colocar colmenas. No practicaba la trashumancia. Las tenía fijas y las trabajaba con un compañero, Toribio. Volviendo al enclave de Chivisaya nos da la ubicación exacta del lugar dónde tenía su asiento. Por encima de la finca Arrate, prácticamente llegando al filo de la cumbre, por debajo de Orticosa.

Para continuar la conversación, nos hace pasar a otra habitación dónde guarda una máquina. Se trata de una centrifugadora. "Esto es como un coche. Tiene varias velocidades. Esta tiene seis. En su día me costó mis buenas perras". Nos enseña el aparato que conserva en excelentes condiciones, prácticamente como si fuera nuevo. Comienza a explicarnos con detalle cuál era el procedimiento a seguir. "No puedes ponerla muy cargada muy rápido porque rompes los marcos y hasta la máquina. Esto es como un coche. Cuando está muy cargado tienes que poner la primera y cuando va con menos carga ya puedes poner la segunda, la tercera, poco a poco". Nos muestra todos los componentes de la máquina que entre otras medidas de seguridad, se detiene automáticamente si se abre la tapa. Su interior está preparado para colocar los marcos verticalmente. Además de la tapa por la que se introducen los marcos, tiene una inferior, más pequeña y hermética, por la que saldrá, una vez abierta, la miel centrifugada.

Como curiosidad nos enseña una cinta con la que amarraba la centrifugadora cuando la ponía en marcha. Nos explica que a medida que la centrifugadora estaba más vacía y podías además aumentar la velocidad, comenzaba a vibrar cada vez más fuerte "Cuando ya no tiene miel y si le pones la quinta, se va por la puerta", nos explica con humor.

A continuación nos muestra el bidón provisto de dos coladeras, uno más grueso y el otro más fino, en el que vertía la miel centrifugada. Nos cuenta que con esos dos coladores te asegurabas de filtrar las impurezas. "La que se escapa de aquí, se queda aquí", nos comenta señalando ambos coladores.

Nos sorprendió la capacidad del bidón, 50 l. A nuestra pregunta de si llegó a llenarlo alguna vez, nos responde con un rotundo sí y una sonrisa. El bidón también está provisto de una tapa hermética para evitar que la miel se pueda salir. Nos dice que una vez lleno, lo colocaba en alto porque de esta manera era más sencillo llenar los frascos y botellitas de miel.

Aún conserva frascos vacíos con sus tapas, los típicos con abejas dibujadas en la tapa. En una estantería hay varios frascos llenos de miel, pero que no vende puesto que los conserva para su propio consumo. Notamos que los frascos de miel tienen diferente color. A nuestra pregunta de a que es debido esto, si son mieles de diferentes variedades. Nos dice que no. Él producía miel de mil flores. La diferencia de color viene dado por la edad de la miel en este caso. La más antigua ha cristalizado y tiene un color más oscuro.

Nos comenta que hay un colmenero de Arafo que tiene más de doscientas colmenas. Bien controladas y legales. Que él si las asienta en diferentes sitios y saca miel de barrilla, de aguacate, de retama. Pero no es porque lo diga él. Que es miel controlada y analizada. Garantizada. Las trabaja bien, las cuida. La de aguacate la tiene porque un señor que tiene aguacates le deja poner las colmenas. Nos comenta que eso además es bueno porque las abejas le traen el polen. "Sin polen no hay vida". Efectivamente, contestamos nosotros.

Lo siguiente que nos enseña es un bote que en principio tomamos por algún medicamento, quizá para la varroa. Rápidamente nos saca de nuestro error. Se trata de un perfume sólido. Es un atrayente, un caza enjambres. Nos cuenta que colocando un poco de esta sustancia en la entrada de una colmena vacía, cualquier enjambre que pase cerca entrará en ella. La olemos con curiosidad y la verdad es que se trata de un perfume realmente agradable. Leyendo la etiqueta, tiene la ventaja de ser al mismo tiempo repelente para otras especies de insectos. Cuando le preguntamos por su efectividad con humor nos dice: "Como si lo pones en una tabla. Ellas pasan y se posan".

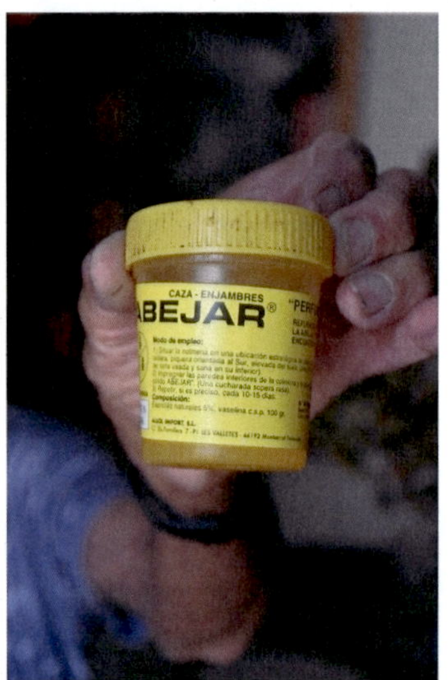

Caza-Enjambres utilizado por D. Pablo Batista Flores. Foto autores.

Continuando con la conversación lo siguiente que nos muestra es un soporte en el que colocaba los marcos para limpiarlos bien de cualquier resto de miel o cera antes de volver a colocarlos en las colmenas para la siguiente cosecha. Considera que para esta labor un cuchillo es la mejor herramienta.

Nuestra siguiente pregunta es cuánto hace que abandonó la actividad de colmenero. Nos dice que hace tan sólo tres o cuatro años. Que tuvo que hacerlo porque quien le ayudaba por último, su yerno, tiene que mantenerse alejado de las abejas. En una ocasión tuvieron un susto que pudo terminar en tragedia. Su yerno le iba trayendo los cajones para que él los castrara. Al darse cuenta de que tardaba salió a buscarlo y se lo encontró dentro del coche como muerto. Estaba sufriendo un shock anafiláctico.

Tuvo suerte y fue atendido a tiempo, pero ya no pudo volver a ayudarlo con las colmenas y D. Pablo debió dejar la actividad.

Aprovechamos para hablar de la ropa de protección. Nos enseña un traje de los actuales, muy preparado. A nuestra pregunta de cómo eran antes, nos responde que un simple mono de trabajo y que la cara se la protegían con tela metálica fina.

Le preguntamos si llegó a tener algún traje de protección hecho con tela de saco, pero nos dice que no.

La siguiente herramienta que nos muestra no deja de asombrarnos por su sencillez. Se trata de un cepillo de mano. "Esto es para barrer las abejas para poder sacar la miel", nos dice.

Reproducción a escala de corchos tradicionales y colmena americana realizados por D. Pablo Batista Flores. Foto: autores.

Como ya le hemos preguntado cuánto tiempo hace que dejó la actividad, nos interesa saber a qué edad comenzó y si la actividad se llevaba a cabo en la familia, por ejemplo, su padre, sus abuelos.

A esto nos responde que no, que él sepa. No sabe darnos una edad de inicio. Era muy joven. Nos cuenta que comenzó con su compañero Toribio, que siempre iban juntos. Comenzaron con corchos, no tenían muchos, diez o doce. Tras un tiempo los quitaron y empezaron con las colmenas modernas porque se dieron cuenta de que producían mucho más. Los corchos no daban tanto.

Con respecto a los materiales que usaron para preparar sus colmenas, nos confirma que las hacían ellos, nos dice que utilizaban palmera y pino. Nunca usaron drago. Aún conserva un corcho de gran diámetro de palmera y unos núcleos del mismo material. Todos vacíos, claro. Le preguntamos de dónde sacaban la madera a lo que nos responde: "En cualquier lugar que tumbaban una palmera o lo que sea decías ¿Me das una punta? y te daban un pedazo".

Una muestra más de que antes se aprovechaba todo. El reciclaje y la reutilización que creemos tan modernos, en realidad siempre han estado presentes en los usos tradicionales. Por eso, sin duda, debemos recordarlos y recuperar su espíritu.

Como última curiosidad le preguntamos por su edad ya que es una persona muy activa. Nos contesta que ochenta y ocho. No podemos evitar sorprendernos agradablemente. Deseándole que continúe así, lleno de vitalidad, realizando maquetas y miniaturas, durante mucho más tiempo.

Nos despedimos no sin antes agradecerle el tiempo que nos ha dedicado y la valiosa información que nos ha proporcionado.

Entrevista a D. Nicolás Santana de La Rosa y Dª. Luisa Fariña Rodríguez

El martes 30 de julio de 2024 D. Nicolás Santana De La Rosa y Dª Luisa Fariña Rodríguez nos concedieron una entrevista en la antigua casa familiar de Dª Luisa. Ella es miembro de la familia conocida en Arafo con el nombre de Los Cambados, su padre fue el origen del sobrenombre familiar. Nos confirma el dato que en su día nos facilitó D. Ricardo, del por qué de dicho apodo. Su padre emigró a Cuba y allí le cayó encima una palmera que le dejó secuelas de por vida. No pudo volver a caminar erguido.

D. Nicolás y Dª. Luisa. Foto: autores.

Antes de empezar con la entrevista en sí, les preguntamos si podemos tutearnos para que la conversación sea más distendida y amena, a los que nos responde muy amablemente que sí.

En primer lugar nos muestran el lugar dónde guardan los corchos que en su día utilizaron para su oficio de colmeneros. También nos relatan que era el propio Rodolfo, hermano mayor de Luisa, quien elaboraba los corchos. No señalan un corcho fabricado con acebiño. Este material lo iban a buscar al monte, ella recuerda que su hermano en primer lugar limpiaba buena parte de los sobrantes en el mismo monte y a continuación cargaban los "rolos" hasta la casa. En la habitación que utilizaba a modo de taller empezaba a vaciar el tronco poco a poco hasta dejarlo listo para servir de colmena.

A la pregunta de qué materiales llegaron a usar, nos dicen que además de acebiño y palmera, creen recordar que aún conservan un par de ellas de drago y que aunque ya no conservan ninguna de pitera, porque se estropean con rapidez, si que tuvieron varias. Los témpanos los fabricaba también Rodolfo que subia a buscar el material al monte.

Con respecto a cómo hacían para conseguir los troncos con los que fabricar los corchos Nicolás nos cuenta una anécdota al respecto: "Fuimos nosotros una vez a la Orotava y nos trajimos un montón de rolos que el coche venía hundido. Los trajimos y ahí los arregló todos. Le gustaba mucho a Rodolfo".

Luisa nos explica que su hermano utilizaba una herramienta a la que llamaba "cavadera" con la que poco a poco iba vaciando y limpiando el tronco. Por desgracia en ese momento no pueden mostrarnos la herramienta. Sin

Corcho de madera con refuerzos metálicos en los extremos.

embargo sí que nos enseñan tres castradoras de diferente tamaño y forma que tienen colgadas en la pared, las tres de hierro. Guardan y conservan varios de los corchos antiguos, las colmenas de tipo americano y las herramientas que utilizaban, todo ello parte de la historia familiar.

Cuando les preguntamos a qué edad comenzaron su relación con la apicultura, Nicolás responde que su mujer desde que nació, lo mismo que él ya que su padre también tenía colmenas, nos cuenta, en la *media montaña*. Le preguntamos si con el nombre de *media montaña* se refiere a Chivisaya, el lugar dónde el cabrero Nicomedes tenía sus cabras, nos contesta que sí. Que tenía las colmenas un poco más arriba de Nicomedes, en un lugar resguardado. Continuando con sus recuerdos de la niñez nos comenta que subía con su padre en la época en la que se forman los enjambres, en el mes de junio, muy temprano por la mañana. Nos relata una anécdota de aquella época en la que era aún muy joven: "Estaba yo echado debajo de un castañero esperando por los enjambres, porque sabemos cuando son los enjambres por los mestriles que echan las colmenas ¿sabes? Oí un ruido, un ruido, mi padre estaba durmiendo debajo del castañero. Y yo le digo, papá escucha ese ruido. Muchacho, eso es un enjambre".

Nos explica que su padre también le enseñó que bastaba con poner el corcho delante del enjambre, porque desde que entra la reina ya lo hace el resto de la colonia.

Ante esto nos surge una duda. Le preguntamos si en alguna ocasión llegaron a utilizar el perfume sólido que nos enseñó D. Pablo Batista, para atraer a las abejas al interior de las colmenas. Responde que no porque en aquel entonces tenían enjambres de sobra.

Volviendo a centrarnos en la familia de Los Cambados, Nicolás y Luisa nos dicen que los hermanos varones, Agustín, Herminio y Rodolfo, eran quienes trabajaban las colmenas pero que quien más se dedicaba a ellas, porque le gustaba mucho, era Rodolfo. Para subir a los asientos no hacían uso de ningún vehículo, lo hacían caminando.

Nos confirma que el enclave que localizamos con varios asientos y que identificamos como de Los Fariña, en la Degollada de Los Castellanos, efectivamente eran de su familia. Nos cuentan que Rodolfo subía por la noche. Nicolás lo acompañó en más de una ocasión.

Además de en ese enclave las colocaban en La Canal Alta. Nos comentan que esas se cargaban por la tarde para subirlas, siempre a última hora de la tarde y por la noche. Al escucharles hablar decimos admirados: "¡Tremendo trabajo!". Nicolás sonríe y nos vuelve a relatar uno de los muchos recuerdos que guarda de aquella época: "¿Tremendo trabajo? Toda la noche. Uno que iba con nosotros, Felipe, llevaba siempre una botella de vino dulce. ¡Hacía un frío muchas veces! Y nos echábamos un trago".

Luisa nos cuenta que cuando tocaba ir a castrar subían en guagua porque iba un grupo muy numeroso de personas: "Iba un montón de gente. Medio pueblo". Les respondemos que ya que tenían un montón de colmenas era lógico que necesitarán la ayuda de un gran número de personas, Nicolas, sonriendo, nos contesta que unos iban para ayudar, pero otros por la fiesta. No podemos evitar una divertida risa. No sin cierta nostalgia prosigue: "Unos a trabajar y otros a gozar. Era bonito. Son historias que no se olvidan".

Reconduciendo un poco la conversación preguntamos sobre la vegetación que había en el lugar que ellos llaman *media montaña.* Si era muy diferente de la actual con cierta abundancia de tajinastes y diferentes tipos de matorral. Nos confirma que por aquél entonces había más abundancia de vegetación en el enclave.

Nuestra siguiente pregunta es sobre si tienen idea de cuando comenzó la actividad apícola en su familia. Luisa nos responde que ella es la más pequeña de los hermanos y nació en 1947, para que nos hagamos una idea. Pero no fue su padre quien inició la actividad ya que nos confirma que quien les enseñó a todos fue su abuelo, oriundo de La Orotava.

Lo siguiente que nos interesa saber es las fechas en las que hacían la trashumancia de las colmenas, cuando las subían de las medianías a la cumbre y cuando las bajaban. Nos contestan que la subida se hacía en mayo, para que coincidiera con el momento de floración y la bajada se realizaba en septiembre, después de la castración. Él nos cuenta que por aquel entonces por toda la zona había pinos, aunque no tantos y que en muchas ocasiones encontraban enjambres en los mismos pinos, que al pasar podías oír el ruido. Entonces los cogían con los corchos que llevaban vacíos. Ella, por su parte, nos dice que su hermano Rodolfo llegó a traer alguno metido en un saco. Nicolás comenta con un aire de tristeza que ya no se encuentran enjambres en el monte como antes: "No ya no hay. Las colmenas se han muerto. Desde que nos trajeron las abejas de fuera nos mataron aquí, porque la abeja negra, la nuestra, no tenía enfermedad. Empezaron a traer abejas de fuera y reinas de fuera y se mezclaron y se partieron por la mitad". Respondemos que se ha hecho alguna iniciativa para recuperar la raza pero que al parecer no está funcionando como sería de desear. "Y además llueve poco". Sentencia.

Les preguntamos nuevamente acerca de los cambios producidos en la vegetación, si antes abundaban más el escobón y la retama amarilla. Nicolás nos lo confirma. Nos dice que antes, sobre todo, había mucho escobón en los lugares donde tenían los asientos.

Continuando con la charla lo siguiente que queremos saber es si llegaron en alguna ocasión a poner colmenas en Guadameña, que sin duda es uno de los enclaves con más larga historia. Él nos responde afirmativamente, diciendo que todos han puesto sus colmenas allí en alguna ocasión, nos pone como ejemplo a Nando, otro de los apicultores que hemos podido entrevistar. Además nos dice que el lugar antes estaba llenos de chahorra, que en la actualidad quedan algunos ejemplares, pero no tan abundante como en aquella época. Nos cuenta que para él la mejor miel es precisamente la de chahorra y retama.

Lo siguiente que nos interesa saber es si recuerdan la fecha aproximada en que empezaron a introducirse las colmenas americanas y a abandonarse los corchos tradicionales. Pero en esto no pueden ayudarnos. Nicolás comenta que prefería los corchos a las colmenas americanas. Que para él era más cómodo de trabajar el corcho y que incorporó las colmenas americanas tarde por ese motivo.

Le preguntamos cuál fue el motivo que les llevó a elegir ciertos lugares para poner asientos de colmenas. La respuesta de Nicolás es clara, la vegetación. "Allí teníamos la chahorra por dentro del valle, las retamas al frente allá. En otra época, cuando salía la flor del castaño, pues ya...".

Arnoldo, miembro de nuestro equipo, comenta lo siguiente: "Ahora, después del fuego, casi todas las plantas se quemaron y ha salido mucha cañaheja blanca que como tiene una raíz como una zanahoria debajo, el fuego no las mató. Esa planta, para las abejas ¿También es buena?". Nicolás responde afirmativamente.

Luisa contesta que ella no recuerda ver muchas de esas plantas en aquellos lugares, Arnoldo le aclara que sí que estaban pero al haber otras especies, algunas de mayor porte, no se veían; pero ahora destacan ya que es casi lo único que ha sobrevivido al fuego y se ha recuperado rápido. Nicolás, en cambio, sí recuerda ver la cañaheja y que a las abejas les gusta mucho.

A nuestra pregunta sobre la raza de abeja que trabajaban nos responden que la abeja negra canaria. Nicolás es categórico: "Esa es la mejor que había aquí. Era tranquila y cogías miel que no veas. Después ya las mezclaron...y aparte de eso, que llueve poco".

Con respecto a las enfermedades propias de las abejas y los tratamientos que usaron nos contestan que tan sólo llegaron a utilizar unas cintas, no recuerdan el nombre del producto, pero que no sirvieron de nada.

Cuando les preguntamos por la fecha de castración, si la hacían en agosto, como nos han comentado otras personas entrevistadas, Luisa nos corrige diciendo que ellos la realizaban en septiembre. La llevaban a cabo en la misma cumbre. Colocaban tres mesas y vertían la miel en zurrones de cabra dentro de los cuales se transportaba la miel a las casas para colarla y envasarla. Ella nos aclara que la piel del zurrón era limpiada y curtida previamente, para ello usaban tabaiba dulce.

Les preguntamos si además de la miel, sacaban algún otro producto de las colmenas. Nos confirma que extraían cera, especialmente al elaborar la meloja. Que con esa cera se confeccionaban velas, las hacía una señora de Güímar y dichas velas se utilizaban en la bajada de la Virgen del Socorro.

Lo siguiente que queremos saber es si solían pernoctar en los asientos. Nos responden que no. El único que alguna vez llegó a dormir arriba fue Rodolfo, el hermano mayor de Luisa, que para ello se llevaba algo de comida y abrigo. Con respecto al camino que utilizaba para subir nos cuentan que cogía una vereda, de la que aún quedan restos, que pasaba cerca de la casa de los camineros. También los otros hermanos, Agustín y Herminio, subían, pero a quien le gustaba pasar la noche allá arriba era Rodolfo.

Les preguntamos si en alguna ocasión llegaron a poner colmenas en la costa. Nos responden que, aunque había varias personas que sí lo hacían, su familia nunca llegó a hacerlo.

Conjunto de corchos variados conservados por la familia Santana-Fariña.

Hablando de otras familias sale a colación una conocida con el sobrenombre de los Piteros. Les preguntamos si saben cuál es el origen de ese apelativo a lo que nos responden que no, pero que sí que recuerdan que tenían muchas colmenas. Entonces recordamos que existe un lugar, con asientos de colmenas, llamado la pared de los Piteros. Nos confirman que se llama así porque es el lugar dónde ponía sus colmenas esta familia ya que tenían una casa en las cercanías. Efectivamente, recordamos haber visto los restos de una casa antigua, además de un horno, en el lugar.

Continuando con la charla nos indican varias zonas dónde otras personas colocaban sus corchos, todo lo cual nos ofrece una valiosa información.

Llegado el momento de despedirnos, les agradecemos su amabilidad al recibirnos, por permitirnos ver las herramientas, la interesante y variada colección de corchos que conservan y los variados datos que nos han proporcionado.

Entrevista a Dª. Carmen Gabino Curbelo, viuda de D. Nicolás Sosa Rodríguez

Dª Carmen Gabino Curbelo. Foto: autores.

El martes 30 de julio de 2024, también tuvimos la oportunidad de entrevistarnos con Dª Carmen Gabino Curbelo que nos recibió amablemente en su domicilio. Lo primero que hicimos fue presentarnos y explicar el motivo de nuestra visita. Le dijimos que ya habíamos entrevistado a varias personas pero que teníamos mucho interés en hablar con ella ya que nos habían comentado que su familia siempre había tenido relación con las colmenas. Nos respondió afirmativamente, de hecho tiene parentesco familiar con el presidente de APITEN, D. Pablo J. Pestano Gabino, con quien también nos entrevistamos.

En primer lugar hablamos del curioso mote de su marido, fallecido hace 14 años, que siempre fue conocido por Nicolás Pitita. Nos contó que el mote, en realidad, se lo pusieron al abuelo de D. Nicolás, no puede aclararnos cuál fue el origen de dicho apodo, y que a su marido jamás le importó que lo llamaran así.

Nuestra siguiente pregunta es si en realidad llegó en algún momento a trabajar en las colmenas o se limitó a ir de manera ocasional. Con una sonrisa nos responde que sí, que trabajó y mucho. Esta respuesta nos sorprende favorablemente. Le comentamos que no habíamos tropezado con ninguna mujer que hubiese trabajado con las colmenas de manera habitual. Si que nos habían relatado momentos puntuales, días especiales en los que subían a echar una mano, o sencillamente acudían para pasar el día, pero no ese trabajo continuado durante todo el año asistiendo a todas las labores que hubiera que realizar. Ella se asombra ya que le consta que no era la única. Si bien, no eran muchas, sí que había mujeres trabajando en las colmenas, nos dice. Nos habla, por ejemplo de Dª Carmen Gloria, relacionada con bodegas Ferrera.

Siguiendo el hilo de nuestra entrevista le preguntamos los lugares de asiento dónde trabajaban. Nos dice que en la zona de Ayosa, muy cerca del conocido asiento de Los Cambados ya que su marido pertenecía a dicha familia. Pasado un tiempo, abandonaron ese asiento cercano al de la familia y comenzaron a trabajar en otro, también por las inmediaciones de Ayosa, al parecer cerca de Roque Acebe.

Comienza a contarnos que a ella le encantaba trabajar con las colmenas y que realizaba todas las tareas necesarias, incluyendo cargarlas a la espalda para trasladarlas cuando era preciso. Fueron muchas las ocasiones, según nos dice, en que tuvo que subirlas y bajarlas de una a otra ubicación. Nos aclara, eso sí, que las cargaba hasta la carretera, ya que allí las subían al Land Rover que tuvieron en primer lugar, posteriormente se compraron una furgoneta. No las trasladaban campo a través. Continuando con el relato de sus recuerdos nos dice que subían varias veces por semana, especialmente durante la época de los enjambres.

Nos explicó cómo para castrar los corchos estos los subían a un murete, se levantaba el témpano para ver si había bastante miel y era por ese lado por el que se castraban. Continúa explicando que una vez extraída la miel, dejando algo para ellas, se le daba la vuelta al corcho para que ellas siguieran trabajando. Es decir, la parte de abajo se convertía en la de arriba. De esta manera lograban que no construyeran los panales siempre en la misma dirección, lo cual contribuye a renovar la cera que queda en el interior. Nos cuenta que la primera vez que fue a las colmenas lo hizo más por ver, por curiosidad, sin pensar en que podría gustarle. Al decirnos esto, le preguntamos qué edad tendría esa primera vez, pensando que como en el caso de otras personas entrevistadas, nos diría que había ocurrido en la niñez. Pero Dª Carmen está llena de sorpresas. En su caso, descubrió el oficio de adulta, tras su matrimonio. Con anterioridad no había tenido relación directa con la apicultura a pesar de que tanto su padre como su hermano Francisco, tenían colmenas.

Nos dice que en el caso de su padre, tenía dos corchos ya que se trataba de producir miel para el autoconsumo, "la miel de casa", nos comenta. Recuerda que eran muy altos y gordos. Uno de ellos realizado en castaño y que las que estaban en ese "Se volvían locas. Cuando ibas, eso era a matar a la gente. No sé si es que el corcho las calentaba o yo qué sé".

Su hermano tenía más corchos. Los ponía por la zona de La Crucita, por el camino que iba a los pozos de nieve, aunque ella nunca fue a ver dichos pozos.

Nos cuenta que al empezar todo lo que tenían eran corchos, pero que poco tiempo después empezaron a cambiarlos por las colmenas americanas. No nos puede precisar una fecha, calcula que entre finales de los años 70 e inicio de los 80 del pasado siglo. No puede darnos una fecha precisa, continúa, porque la sustitución de los corchos por las americanas fue haciéndose poco a poco.

Al preguntar si trabajó durante mucho tiempo con las colmenas, vuelve a sonreír mientras nos dice: "Lo menos 40 años. Ya tengo 85 y estoy retirada". Esta respuesta nos hace expresar "¡Madre mía!". Toda una vida dedicada a la apicultura.

Claro que tampoco deberíamos sorprendernos porque es algo común a todas las personas que hemos entrevistado, varios de ellos de la *misma quinta* que Dª Carmen y vecinos desde la infancia. Nos da una lista de nombres de antiguos colmeneros, algunos fallecidos y todos ya retirados del oficio a causa de la edad. Le comentamos que precisamente esa es una de las razones que nos han impulsado a realizar este trabajo. Para que las generaciones futuras conozcan la gran importancia que la apicultura ha tenido en la villa de Arafo.

Continuando con la charla nos relata cómo cuando se hacían los traslados, solían hacerlo al mismo tiempo que Los Cambados, cada quien las suyas, y que a la hora de castrar ocurría lo mismo, se hacía a la vez, aunque cada uno lo suyo.

En el caso de la castración, la de los corchos se realizaba in situ, metiendo la miel en zurrones de cabra, como ya nos han comentado anteriormente. Las colmenas americanas funcionan de diferente manera ya que lo que se hace es bajar cajas en las que se han puesto los panales ya libres de abejas. Las abejas quedan en la colmena en la que se les han dejado reservas suficientes para sobrevivir, además de las larvas.

Nos comenta que hay que tener cuidado al manipular las colmenas ya que, como todos sabemos, las abejas pican. A ella le picaron en infinidad de ocasiones, incluso a través de los guantes. "Muy pocas partes quedan dónde no me picaron". Recuerda cómo si por un casual se le rodaba el capirote mientras trabajaba y le quedaba una oreja al aire, no tardaba nada en notar el picotazo y que sobre todo les gustaba atacar los tobillos.

Como nos ha comentado que ella ya ha dejado las colmenas le preguntamos si su hijo ha continuado con la actividad. Nos responde afirmativamente aunque puntualiza "Tiene, pero poquitas. El asiento lo tiene en Afoña, por encima de la Casa del Vino". Le comentamos que conocemos el lugar. Nos cuenta que su padre tenía por la zona. En la actualidad, ella ya no puede ir a cuidarlo y se está perdiendo pues ha crecido la vegetación, la mayoría de la cual es invasora. Una verdadera pena.

Prosiguiendo con la conversación nos dice que trabajar las colmenas es muy bonito y que a quien le gusta, le encanta. Que por supuesto da mucho trabajo ya que hay que vigilarlas, especialmente en la época en que salen los jabardos. Para saber el momento en el que van a salir hay que fijarse en algunas señales. Conocimiento que da la experiencia en su manejo. Nos dice: "Las colmenas, sabes, tienen un techito así de los panales colgando y una vez ves eso dices. La colmena se enjambra. Porque de ahí es de dónde salen las reinas".

Nos comenta que al nacer una o varias reinas, sólo queda la más fuerte en la colmena y las demás deben salir a crear una nueva colonia. La vieja reina siempre es de las que se tiene que ir y lo hace con un cierto número de abejas con ella. Si ha nacido más de una reina, también estas deben irse llevándose a su vez algunas abejas consigo. Sólo puede haber una reina por colmena.

Le preguntamos cómo se distinguen las obreras de las reinas y los zánganos. Nos explica que la reina es la más grande, que los zánganos son casi del mismo tamaño pero que además son gordos, no finos como la reina. Y que las obreras son más pequeñas.

Nos dice que es curioso ver cómo la reina va caminando por la colmena y el resto, las obreras, le hacen como un pasillo mientras ella se va moviendo. Continuando con sus recuerdos nos relata que en una sola oportunidad pudo presenciar la puesta de huevos de una reina, lo que le pareció "una divinidad". La reina se acerca a las celdas, que deben estar limpias, de eso se encargan las obreras. En primer lugar mete la cabeza, comprueba que está limpio y a continuación se da la vuelta, introduce el abdomen y hace la puesta. Nos contó que el huevo era como "la punta de un alfiler". También nos contó que es fácil saber si la puesta es de obreras o de zánganos, ya que las celdas dónde se criarán estos son un poco mayores, puesto que ellos también son más grandes que las obreras. Cuando localizas las celdillas con las larvas de los zánganos, debes deshacerse de la mayoría ya que "los zánganos comen pero no ponen", es decir, no producen miel. Hay que dejar los suficientes para que la reina se aparee, pero no demasiados.

Lo siguiente que queremos saber es el tipo de abeja con la que trabajaban. Nos dice que casi siempre tuvieron abeja negra, la nuestra. Que aunque la de fuera parece producir más, también pican más. Nos contó que las suyas, que eran negras, al parecer se mezclaron con las de fuera y alguien fue a revisarlas y les comentó que debían matarlas, pues ya no eran negras puras, a lo que ella respondió "Coges la manguera que más lava y ¿las vas a matar?", refiriéndose a que primero traes abejas de fuera para producir más y después quieres matar a las que se han mezclado con las autóctonas.

Con respecto al número de colmenas que llegaron a tener, nos responde que 40, con lo que tenían una producción de unos 200 kg anuales. Una producción más que respetable, desde luego.

Continuando con la conversación nos cuenta cómo su marido comenzó a tener problemas de salud con lo que ir hasta la cumbre para trabajar con las colmenas empezó a convertirse en un verdadero martirio. Por eso decidieron trasladarlas a Afoña, dónde su hijo las tiene en la actualidad ya que está más cerca. En ese momento era ella quien llevaba el peso del trabajo en las colmenas y su marido la ayudaba en lo que su salud le permitía.

Volvemos a comentarle que ella es la primera mujer con la que hablamos y que realmente trabajó las colmenas de manera habitual. Nos vuelve a decir que no es un caso único, aunque sean minoría, y que por ejemplo su nuera también va a las colmenas con su hijo a trabajarlas. Aprovecha para dejar claro que a las colmenas no es aconsejable ir una persona sola, aunque la otra no vaya a trabajar sino como compañía, porque nunca sabes si puede ocurrir algo. "Por ejemplo, continúa, un día te pican y no te pasa nada, pero el cuerpo no siempre está igual y otro día puedes ponerte muy mal". Que también puedes sufrir mucho con el calor, ya que debes trabajar con ropa de protección que puede hacer que te de un golpe de calor, sobre todo si la temperatura ambiente es muy alta. En definitiva, no se debe ir en soledad a trabajar las colmenas.

Aprovechando la oportunidad le decimos que ya nos han contado varias anécdotas de colmeneros que han sufrido un shock anafiláctico por la picadura de las abejas y que, afortunadamente, no han fallecido porque estaban acompañados y pudieron ser trasladados para su atención rápida. Ella también conoce varios casos de colmeneros a los que les ha pasado y a algunos que las trabajan en la actualidad y que además de haberse tratado con vacunas al descubrir su alergia, deben llevar siempre encima el inyector de adrenalina. Sin duda hace falta un gran amor a la profesión para asumir semejante riesgo.

Retomando el tema de los corchos tradicionales con los que empezó su andadura en la profesión, le preguntamos si recuerda con qué materiales estaban hechos. Nos responde: "De pino, de castaño de todo mato que hubiera que era gordo se calaba". Le preguntamos si en alguna ocasión llegaron a tener alguno de corcho de alcornoque, pero no. Todos los que ellos tuvieron eran de troncos vaciados o de tablas de pino. En relación con esto último nos cuenta un detalle que desconocemos. Si la colmena era fabricada con tablas, no con un tronco vaciado, entre las tablas debía ponerse hojalata o cualquier otro material para aislarlas y evitar que le entrara el frío. A los témpanos siempre se les ponía también una chapa para evitar que el agua de la lluvia o del rocío los calara ya que a las abejas "el agua no les hace muy feliz". En el caso de las americanas, estas ya vienen preparadas para evitar que se cuelen tanto el frío como el agua.

Cuando le preguntamos si llegaron a tener corchos de pitera, que tienen esa curiosa forma de ánfora y suelen ser de pequeño tamaño, nos comenta que sí, pero que solían usarlos solamente para coger enjambres que después alojaban en otros corchos más grandes. Usaban los corchos de pitera para este cometido porque por algún motivo a las abejas parecen gustarle mucho y se metían en ellos con facilidad. Quizá porque al ser pequeños resultan más cálidos para una colonia pequeña recién fundada.

Asiento en las cercanías de la montaña Ayosa con colmenas americanas. Agosto de 1993. Foto: autores.

De drago nos asegura que no llegaron a tener. Es posible que al no haber un número muy elevado de dragos en el valle fuese más difícil encontrar este material.

Nos comenta que al trabajar con colmenas americanas compraron una centrifugadora para extraer la miel. Se trataba de una centrifugadora manual "a beo". Sin embargo, un vecino les propuso adaptar un motor de lavadora y la transformaron en una centrifugadora eléctrica. De esa manera la miel era mucho más fácil de extraer, salía a chorros y con mucho menos esfuerzo.

Con esto damos por terminada la entrevista y nos despedimos de Dª Carmen agradeciendo su amabilidad y la gran cantidad de información que nos ha facilitado. Gracias a ella podemos dejar constancia de que si bien han sido minoría, las mujeres también han ocupado su lugar en esta actividad en la Villa de Arafo.

Entrevista a D. Pablo J. Pestano Gabino (Presidente de APITEN)

D. Pablo J. Pestano Gabino.
Foto: autores.

Otra de las personas con las que tuvimos la oportunidad de entrevistarnos fue con el actual presidente de APITEN, Pablo J. Pestano Gabino, que nos atendió con gran amabilidad. El 16 de enero de 2024 mantuvimos una larga conversación con él en la que además de facilitarnos valiosa información sobre el desarrollo de esta actividad, nos proporcionó una evaluación de la situación actual de la apicultura en Tenerife y nos ofreció importantes datos sobre los antiguos asientos del municipio de Arafo y sus propietarios.

A continuación ofrecemos un extracto de la conversación mantenida con él. Tras presentarnos y pedir permiso para tutearlo, comenzamos con nuestra charla.

Antes de nada le preguntamos desde qué edad está vinculado a la apicultura a lo que nos contestó que de toda la vida ya que comenzó a visitar las colmenas con su abuelo, cuando era muy pequeño. Su abuelo tenía asientos en el corral de Cho Lucas. Hasta allí subía a lomos de un burro que su abuelo cargaba paja con la cual se abrigaba puesto que hacía mucho frío. Nos comenta que sin embargo no fue su abuelo el primero en tener colmenas en la familia. Su bisabuelo ya tenía. Recuerda ir a casa de su bisabuelo, en el aserradero. A su mente regresan imágenes de aquellos días. La de su bisabuelo era una casa muy antigua, él era muy pequeño pero sus recuerdos son claros. El cuarto de baño no era un cuarto de baño. Tan sólo un cuartito y el retrete consistía en una tabla sobre un agujero. En el techo de este retrete había dos corchos y las abejas le picaron en más de una ocasión por ir a curiosear, o como él mismo nos dijo "por ir de chismoso". Nos comenta que eso era lo habitual, en casi todas las casas había corchos en las azoteas y podías ver a la señora tendiendo con las colmenas al lado y las abejas trabajando. La miel en las casas se conservaba en garrafones forrados de caña de boca ancha. En su casa conservan algunos. La miel de cada nueva cosecha se volcaba en su interior. Como es normal, la miel se cristalizaba. Pero ellos utilizaban la miel prácticamente como un medicamento, sólo cuando estabas malo con gripe o catarro. Era entonces cuando se sacaba la miel cristalizada de los garrafones, no para endulzar una bebida ni como golosina.

Proseguimos con la conversación hablando de la sustitución del corcho tradicional por las actuales colmenas americanas y su opinión sobre las ventajas o desventajas de estas últimas con respecto a las antiguas. Su respuesta es categórica. Las colmenas americanas son mucho más fáciles de trabajar. En primer lugar, nos explica que los corchos tradicionales tienen un volumen determinado por su tamaño. Por ejemplo, continúa hablando, un corcho de pitera que tiene casi forma de ánfora no suele tener más de 43 o 50 cm en su parte más ancha, el de palmera, algo mayor, podía contener una colonia más desarrollada, con más población, pero a pesar de todo tenían una capacidad determinada. Si la colonia crecía mucho y se encontraban muy apretadas se enjambraban porque les faltaba espacio y se iban. Tenías que estar muy pendiente. Con las americanas este problema no existe. Si la población aumenta les vas colocando medias alzas o alzas completas (cajones) y así les aumentas el espacio.

Continuamos hablando sobre el valor de la miel, ya que nos encontramos ante un alimento muy apreciado y que siempre ha tenido un alto valor de mercado. Asiente y nos comenta que en su familia, tras castrar los corchos y guardar la miel aprovechaban para hacer meloja, que él continúa haciendo. Era la meloja lo que usaban normalmente, no la miel que tal y como comentó con anterioridad guardaban y tan sólo era utilizada a modo de medicamento. Evoca cómo cuando era muy pequeño veía a su abuelo hacer la mejoja y que solían decirle a él y a su primo "coman soriño porque el queso está caro". Con esto lo que les querían decir es que la miel era algo muy caro y debían usar la meloja para endulzar el queso o los postres.

Nuestra siguiente pregunta fue sobre los "biberones" que nos habían comentado se preparan para las abejas y en qué situación se les preparan. Nos asegura que esta práctica sólo se realiza en los años de mala floración, en época de carencia y que se hacen para ayudar a las colonias a sobrevivir y mantenerlas en buenas condiciones a la espera de años mejores.

Seguimos hablando animadamente y le pedimos que despeje nuestras dudas sobre las semejanzas y diferencias entre la miel recolectada por los miembros de APITEN y la que se envasa de manera industrial y suele estar a la venta en supermercados y grandes superficies, porque algo que nos llama poderosamente la atención es que mientras la primera va cristalizado la segunda se mantiene líquida durante años incluso. Nos aclara que esto ocurre porque en el caso de la segunda, la industrial, no estamos ante miel natural, que en muchas ocasiones ni tan siquiera deberíamos hablar de miel. Nos explica que esas mieles han sido sometidas al pasteurizado previo a su envasado exponiéndolas a una temperatura de entre 72 y 82℃. Este proceso destruye muchas de las enzimas y vitaminas presentes en la miel cruda, natural con lo que ya has destruido y eliminado todo lo bueno de este alimento. Has transformado una sustancia llena de nutrientes de calidad en un edulcorante más sin apenas valor alimenticio. Aparte de la pasteurización hay un problema más con estas mieles industriales; si lees con atención la etiqueta en la mayoría encontrarás la leyenda "mezcla de mieles procedentes de la UE y otros". Cuando ponen esto, además de quedar claro que hay mieles diferentes mezcladas, la palabra "otros" suele significar que el país de origen es China. ¿Qué problema tenemos con eso? Pues sencillamente que no es miel, son siropes de arroz o maíz. Como curiosidad nos comentó que la miel que ha sido sometida a los 45º o temperaturas más altas, como en el proceso de pasteurización, es tóxica para las abejas, para los humanos no, pero sí para las abejas. La conclusión es clara, un indicativo de que una miel es natural es que cristalice con el tiempo lentamente.

La miel producida por los asociados de APITEN es completamente natural, no se le añade ni se le quita nada. Tiene D.O. y pasan unos controles muy estrictos. "Ojalá la gente lo supiera", nos dice.

Pues precisamente, con ese objetivo, que el público en general conozca estos controles, a continuación le pedimos que nos hable de estos. Las mieles cosechadas por los miembros de APITEN pasan 3 analíticas antes de salir al mercado:

1.- Análisis físico-químico: con esta analítica se comprueba que productos han podido ser utilizados para limpiar, proteger contra las enfermedades y tratar las colmenas y asegurarse de que no se utilizan productos prohibidos.

2.- Análisis polínico: en este se comprueban los porcentajes de cada planta presentes en la miel. Según el porcentaje se podrá decir si una miel es, por ejemplo, de tajinaste, de castaños o de mil flores.

3.- Cata: en este se comprueba la calidad y características del alimento.

A todo esto se suman las inspecciones a pie de colmena para comprobar si el sistema de producción se conforme con la legislación sanitaria vigente y si las abejas están bien alimentadas y cuidadas.

Le pedimos que nos hable un poco más de la D.O. y de cuantas variedades de miel se producen en Tenerife. Nos cuenta que en España tan sólo existen 3 D.O. de miel, una de ellas las de Tenerife, la única de Canarias con este reconocimiento. En total hay 14 variedades, esto es, 13 monoflorales además de la de mil flores. Hay más, el problema es que se producen de manera tan esporádica que no pueden incluirse en el catálogo de la D.O. porque ofrecer algo que después no vas a poder entregar es absurdo. El buque insignia de APITEN es la miel de retama del Teide, aunque la de tajinaste, no comenta, también gusta mucho y tiene gran demanda. Con respecto a la jalea real y la cera nos cuenta que no producen jalea real, al menos de momento y que la cera que sí recogen es para consumo propio, para hacer nuevas celdillas, no para venta ni para hacer velas o algo similar.

Lo siguiente que queremos saber es la fecha en la que comenzó a vincularse con APITEN. Nos cuenta que se inició en el movimiento asociativo en 2007 como tesorero en la Asociación de Agricultores del Valle de Güímar de la mano de su abuelo, D. Alfredo Gabino. El presidente de APITEN en aquella época era D. Julio Díaz Cruz. En 2011 D. Julio abandonó el cargo y entró Pablo como representante de la asociación de Güímar con el cargo de tesorero durante 4 años con D. Jesús Ramos como presidente de la entidad. A continuación asumió el cargo de vicepresidente durante 3 años y en 2018 fue nombrado presidente, cargo que ostenta en la actualidad.

Al escuchar la fecha en la que fue elegido presidente no podemos evitar comentarle que le ha pillado una época muy mala, entre las peores que haya podido sufrir el sector. Primero la pandemia de COVID 19 y posteriormente el incendio iniciado el 15 de agosto de 2023. Sonriendo nos responde "Sí. Me ha cogido todo. Empezando por la crisis del Parque Nacional del Teide que comenzó en 2015 cuando comenzaron a decir que si las abejas eran dañinas, que si no".

Esto nos sorprende mucho. No teníamos constancia de que existieran estudios sobre la posibilidad de considerar como dañina para la flora la presencia de abejas.

Nos comenta que por lo visto se hizo un estudio en el Parque Nacional de Doñana que concluía que una elevada densidad de abejas podía causar perjuicios a la flora y dicho estudio lo habían extrapolado al Teide por ser también Parque Nacional aunque nos encontremos ante dos ecosistemas completamente diferentes, puesto que todos los Parque Nacionales forman una red.

Nos comenta que a continuación se trasladaron a aquí para hacer un estudio, pero que este estudio fue sesgado, no objetivo. Como ejemplo, comentó que en el estudio quedaba claro que al existir una alta densidad de abejas polinizadoras las flores de retama producían vainas con menor número de semillas. Que dicho dato es cierto, nos aclaró, pero que lo que no se explicó en el informe es que todas las semillas son viables. cosa que no ocurre en vainas con mayor número de semillas.

Por nuestra parte, le comentamos nuestro asombro de que exista dicha investigación, que por otra parte no hemos leído y deberíamos estudiar para poder pronunciarnos sobre ella, ya que prácticamente nadie niega que la abeja es el mayor polinizador de la naturaleza y en la actualidad existe una verdadera preocupación a nivel global por el descenso de sus poblaciones por lo que esto puede implicar para la agricultura y el futuro alimenticio de la humanidad.

"Precisamente, continúa Pablo, por cada € que genera un apicultor con su actividad, es decir, con la explotación de sus colmenas, se generan para la agricultura gracias a la polinización 100 €. Y eso hablando sólo del sector primaria. Si cuantificamos, cosa difícil de hacer, lo que significa la polinización en el medio natural para mantener los ecosistemas, la conservación de las especies, la biodiversidad, etc., puedes imaginarte".

Nos dice que está costando que la administración comprenda, aunque por fortuna parece que comienza a hacerlo, que el valor real de la apicultura no es lo que se refleja en el PIB, porque es un porcentaje muy pequeño. Sino que de manera indirecta aumenta la producción en todo el sector primario además de ayudar a mantener la biodiversidad. Y ese es el valor que se le debería dar y que debería darle la administración. Además, continúa, el nuestro es un territorio muy pequeño, muy acotado, con enorme presión urbanística y un 45% de superficie formada por Espacios Naturales Protegidos que tienen una legislación muy restrictiva.

Nuestra siguiente pregunta es sobre sus funciones como presidente de APITEN. Nos explica que la asociación abarca muchos ámbitos y que ha crecido muchísimo en los últimos años. Actualmente es la mayor asociación de defensa agrosanitaria ganadera de toda Canarias con más de 500 socios. También ostenta el cargo de presidente de la Denominación de Origen protegida de Tenerife, con sus correspondientes obligaciones, como el control del fraude en las mieles. Si detecta algún fraude deben interponer la correspondiente denuncia ante el SEPRONA o al centro de control agroalimentario con el que también colaboran. A todo esto se suma que la asociación que preside organiza cursos de formación, coordinan el plan sanitario apícola de todas las colmenas de los asociados, los tratamientos contra las enfermedades, centrados principalmente en la varroa. Tiene una oficina en la que gestionan los permisos para la trashumancia de las colmenas, los seguros, la documentación para actualizar los censos, gestionan los certificados veterinarios... Como presidente de la asociación tiene múltiples reuniones con las diferentes administraciones, nos comenta que en ese preciso momento tenía la agenda de esa y las próximas semanas que no le cabía una cosa más, lo cual nos hace valorar aún más que nos dedique parte de su tiempo para esta entrevista. Concluye que en definitiva su función como presidente de APITEN es defender el sector, seguir adelante a pesar de las dificultades. Hace poco tiempo que han creado una página web con una tienda online. Aunque de momento sólo venden en Canarias ya que la producción no da para exportar y que esta no parece que vaya a poder aumentar dadas las circunstancias. En el momento de la entrevista su principal ocupación era la gestión de todos los siniestros a consecuencia del gravísimo incendio iniciado el 15 de agosto de 2023 por la gran cantidad de colmenas que se quemaron. En primer lugar debe ayudar a los colmeneros afectados en la gestión de los seguros y por otro las posibles subvenciones y ayudas que el sector necesita tanto del Cabildo como del Gobierno de Canarias para evitar que los apicultores abandonen la actividad. Nos dice que las ayudas no deben estar orientadas sólo a sufragar las pérdidas, sino vinculadas a que se continúe con la actividad, que ese es su punto de vista y en lo que la asociación está trabajando para que se continúe la actividad y no se pierda. Nos indica que él, por ejemplo, perdió 30 colmenas y que lo fácil sería cobrar los 3.000 € del seguro y otros 3.000 que le diese el Gobierno de Canarias y decir "Al carajo. Ya no trabajo más las colmenas". Que quede claro, afirma, que el importe del seguro lo cobras sí o sí, porque has tenido esas pérdidas, pero insiste en que la ayuda del Gobierno de Canarias o el Cabildo debe vincularse a la continuidad en el sector, que de no hacerlo debes devolver el dinero recibido. De no hacerlo así, la mitad de los apicultores desaparecerán. Porque a todo esto, nos asegura, hay que sumar que el cambio climático está machacando al sector.

A continuación le preguntamos si ya hay un recuento del número de colmenas perdidas en el incendio. Nos contesta con datos claros. El número de colmenas perdidas, quemadas, completamente arrasadas asciende a 1.500, de los miembros de APITEN, puntualiza, porque esos son los datos que él maneja. Por lo que este número a nivel global de colmenas de la isla quemadas puede llegar a 2.000. Colmenas dañadas, afectadas en mayor o menor grado oscilan entre las 5.000 y las 6.000. Hay que tener en cuenta, además, que el incendio se inició en el peor momento posible para la apicultura y en la peor zona. ¿Por qué? Pues porque las colmenas estaban aún sin castrar en su mayoría y la zona afectada es la zona apícola por excelencia. La situada en torno a los 500–600 m de altitud hacia arriba. La mayor parte de las colmenas están situadas en el parque, zona pre-parque y Corona Forestal. Es decir, a partir de los 500–600 metros de altitud hasta los 2.000 m. Como ejemplo comenta que en la zona situada entre El Ravelo y los altos de El Realejos había gran número de colmenas aprovechando la floración de los castaños. Como ya hemos comentado, las colmenas estaban sin castrar y prácticamente llenas ya que faltaba poco tiempo para la cosecha. La zona Sur de la isla no sufrió graves pérdidas por el simple hecho de que en la actualidad, debido a la fuerte presión urbanística, prácticamente no hay colmenas. En las pocas zonas del sur dónde si hay colmenas se encontraban en la misma situación, todas llenas sin cosechar y pérdidas en su mayoría, como en los altos de Arafo, Güímar y Candelaria. Y arriba, Guadameña arrasada, también Mal Abrigo, los Dornajos, Izaña, Llano de Maja, Lomo del Agua. Es decir, que por la zona sur en los pocos lugares que aún hay colmenas, se perdió prácticamente todo.

A pesar de que aún podríamos hablar durante mucho más tiempo de las terribles consecuencias del destructor incendio, decidimos cambiar de tema y preguntarle sobre las ventajas e inconvenientes de la abeja negra canaria. En primer lugar nos habla de sus ventajas. Nos comenta que se trata de una abeja rústica, bien adaptada al medio y que además es nuestra. Con respecto a la mansedumbre que se le suele atribuir, nos dice que también pica, que quizá no sea tan agresiva como otras especies, pero que si la molestas, si la manejas con brusquedad también te picará. Nos indica que depende mucho del agricultor y su manejo ya que según su experiencia la abeja en general no es un animal agresivo. Te pica porque se siente en peligro o cree que la colonia los está y debe defenderla, que entonces es cuando actúan. Por lo tanto, cree que influyen la raza pero sobre todo el manejo. Con respecto a los inconvenientes, también cuenta como tal la adaptación al medio. Ante nuestra cara de sorpresa nos explica por qué cuenta dicha adaptación como inconveniente. Considera que si bien esta abeja se ha desarrollado en estas islas durante unos 200.000 años según las valoraciones de los expertos y que vivían en lo que era un paraíso con recursos a su alcance durante 10–11 meses al año no evolucionaron para producir grandes reservas de alimento para periodos de escasez ya que no las necesitaban, como sí ocurre con las razas procedentes del centro y el norte de Europa que por lo tanto son más productivas para la apicultura. A pesar de todo considera que nuestra abeja negra es un "*diamante en bruto*" y que no se ha hecho un trabajo serio y riguroso de selección de la especie.

Ante esta afirmación le preguntamos si desconoce el proyecto del Gobierno de Canarias en la isla de la Palma de selección y cría de la especia. Nos contesta que lo conoce y que sabe que además algo se ha hecho en Gran Canaria. Nos aclara que aunque en La Palma se invirtió mucho, que incluso trajeron a Gilles Fert que es una eminencia en selección y cría de abejas y que en principio se hizo bien, seleccionando la raza genéticamente, buscando pies de cría, instruyendo y formando a apicultores para que se dedicaran a la cría de abejas reina y continuar con la selección y mejora, no se concluyó el trabajo. Nos indica que por ejemplo en Europa, se hizo un trabajo de selección y mejora de especies por un periodo de más de 70 años. En primer lugar seleccionaron ejemplares primando el estado de salud, que es un parámetro fundamental. Tras lograr ejemplares resistentes a las enfermedades, lo más sanas posibles, se buscó la productividad y por último se seleccionaron por mansedumbre para lograr un manejo seguro. En La Palma, nos asegura, no se prosiguió con la selección y mejora de la raza. Los apicultores que fueron formados para eso, ya no están. Si quiere comprar abeja negra canaria, no encuentras. Se la quedaron para ellos y ahí acabó el proyecto. ¿Qué tiene ejemplares de pura raza? Es posible. Pero se trata de un animal muy rústico aún sin trabajar ni mejorar. En el trabajo que se hizo se dejaba que la abeja se fecundaba en el medio natural. Hacía su vuelo nupcial y se emparejaba con el zángano que escogía, porque en aquel momento era el único modo de hacerlo. Y es muy posible que el zángano elegido no fuera precisamente el más apto genéticamente hablando. Tu podías ponerle 300 zánganos perfectos y que se te colara uno menos adecuado y ella escoger precisamente ese, comenta con una sonrisa. Actualmente se puede y se hace inseminación artificial con las abejas. En este caso puedes elegir las características que quieres transmitir a la colonia que nacerá. Sin embargo, en La Palma no se ha continuado el trabajo y esto no se ha llegado a hacer, al menos de momento. Nos asegura que esta es una de las cosas por la que está trabajando la asociación en la mesa de Agricultura del Cabildo Insular.

Con respecto a la resistencia a enfermedades, que él mismo nos señaló como un factor importante, le preguntamos si considera que la abeja negra es más resistente que otras especies foráneas. Nos dice que sí con respecto a las enfermedades propias de las islas. A las que ellas se enfrentaron durante miles de años. A las que se adaptan. Con respecto a la varroa, verdadera pandemia para las abejas a nivel global, nos dice categóricamente que no. Cuando se dieron los primeros casos en Canarias, nos cuenta, estuvimos bastante cerca de quedarnos sin colmenas. Si bien en Europa han hecho algunos intentos para lograr abejas resistentes a este parásito. Aquí esto no se ha hecho y de todas formas, lograr ejemplares resistentes es una labor a largo plazo, no inmediata. Esto es debido a que la selección natural lleva su tiempo, como bien sabemos. Llegará ese día, pero aún está lejos.

Llegados a este punto se nos ocurre comentar que desde el punto de vista del marketing podría ser un factor favorable indicar en la etiqueta "miel de abeja negra canaria". Nos contesta que la calidad y sabor de la miel no viene dada por la especie de abeja sino por la vegetación de la que procede el néctar, por su origen botánico. La raza de la abeja marca su productividad, es decir, la cantidad de miel, no su calidad. Además de esto, su raza también incide en su mayor o menor propolización, porque sellan o no sus celdas por su comportamiento, como ocurre con las abejas del Cáucaso que los sellan para hacer frente al crudo invierno de su lugar de origen. Pero la calidad y sabor, insiste, lo define las plantas de las que proceden. No comenta que en una misma zona puedes tener colmenas con diferentes especies, por ejemplo, abeja ibérica en una, ligútica italiana en otra, cárnica austriaca en una tercera y la cuarta con abeja negra canaria. Cuando analizas la miel de las cuatro colmenas te dará la misma composición, calidad y sabor. Aun así, y sabiendo lo absurdas que suelen ser las leyes del marketing, le decimos que es muy probable que poner en la etiqueta que la miel la ha producido una especie de abeja autóctona y única en el mundo podría aumentar la demanda. Pablo sonríe ante la sugerencia.

Decidimos cambiar de tema y le preguntamos si los tratamientos que existen para combatir la varroa son efectivos. Su respuesta es clara. No. Los más efectivos que existen en la actualidad, nos indica, son principalmente dos. El fluvalinato y el amitraz. Existía otro, el coumafos pero dejó de utilizarse porque deja olor y sabor en la miel además de tener una elevada toxicidad. Si te equivocas con la dosis es muy peligroso. Además de estos productos, comenta que están los acaricidas, aunque la varroa es un ácaro muy resistente. Si bien existen tratamientos orgánicos regulados como el timól, el ácido siálico y el ácido fórmico, son complicados de dar y peligrosos de manipular para el apicultor de no tomar las medidas adecuadas puesto que pueden producir quemaduras en la piel y el tracto respiratorio. Nos cuenta que el oxálico sublimado son gases que si lo respiras te quema los pulmones. Que el siálico en altas concentraciones es dañino para los pulmones. Así que es muy complicado. Además ningún tratamiento en realidad tiene una alta efectividad. Los grandes laboratorios no investigan porque el sector apícola es muy pequeño y la inversión no les es demasiado rentable.

Concluimos, entonces, que la investigación no evoluciona porque no se invierte en ella al considerarla poco rentable. Pablo responde afirmativamente y nos cuenta que existen prácticamente los mismos tratamientos desde el inicio del problema. Que se ha avanzado muy poco. Quizá los ecológicos, los orgánicos han avanzado un poco más, pero son menos efectivos y por lo tanto no interesan a la mayoría de apicultores. Insiste en que las abejas son unos animales muy sensibles y los tratamientos se van acumulando en la cera dónde crían sus larvas. Nos asegura que están comprobando en los últimos 2 años que han estado utilizando los tratamientos contra la varroa que se ha reducido la fertilidad de los zánganos, las obreras viven menos tiempo y las reinas se agotan antes. Nos muestra su frustración ante esta situación con la frase: "Pero es que no tenemos otras armas". Nos dice que desde APITEN recomiendan que se combinen los dos tipos de tratamiento. Aconsejan utilizar el orgánico en primavera, cuando despiertan las colonias y comienza la producción de miel para que de esta manera no haya restos químicos en el producto y los químicos dejarlos para preparar la invernada. De esta manera intentan asegurarse de que las colmenas entren lo más sanas posibles al periodo de hibernación y sobreviva el mayor número posible de ejemplares sanos.

Le preguntamos si considera en ese caso que los tratamientos tradicionales son mejores. Sonríe al contestar que no existen tratamientos tradicionales contra la varroa porque es algo nuevo que se extendió a partir de los años 80 del pasado siglo. Que si nos referimos a los "tratamientos artesanales" que aplican algunas personas, estos están prohibidos y son ilegales, además de muy poco efectivos. No deben utilizarse, nos asegura firmemente, ningún producto que no esté bien controlado con sus garantías sanitarias y regulado. No debemos olvidar que la miel es un producto alimenticio para consumo humano, afirma. Pablo suele recordar a los asociados que muchas personas aún utilizan la miel con fines medicinales. Que se añade a tisanas, que se da a niños, que lo toman enfermos de cáncer o con el sistema inmune debilitado como reconstituyente natural por sus reconocidos beneficios. Que hay que tener mucho cuidado con lo que se hace porque se está jugando con la salud de las personas.

Le preguntamos si sabe cómo entró la varroa a las islas. Si es posible que fuera con abejas importadas. Nos comenta que el parásito puede venir con la reina o con las cuatro o cinco nodrizas que vienen con ella. Nos explica que una sola varroa que llegue, que sin duda será hembra puesto que los machos no llegan a salir de las celdillas, ya viene fecundada y lista para poner sus huevos. Cuando entra en la colmena, en la celdilla que invada pondrá un primer huevo del que saldrá un macho y tras este, un montón de hembras. Este primer y único macho las fecundará saliendo estas ya fecundadas de las celdillas y preparadas para continuar con la invasión. Al abrirse la celdilla sale la madre original acompañada por sus hijas listas para poner sus huevos. De esta manera se produce una infestación exponencial. En caso de infestar celdillas de obras, como su ciclo es de sólo 21 días a las varroas nuevas no les da tiempo a madurar. Si la celdilla es de zánganos, el ciclo es de 24 y las varroas salen maduras. Cada zángano lleva sobre él 3 o 4 varroas fecundadas y maduras. Por esto prefieren infestar celdillas de zánganos. De esto se aprovechan los apicultores para luchar contra esta terrible plaga. Utilizan un sistema mecánico para reducir las infestaciones. Esto consiste en colocar un panel trampa preparado para alojar celdillas de zánganos exclusivamente. Nos explica que estas son un poco mayores que las de las ovejas obreras. Mientras que las de estas son de 5,7 mm. Las de los zánganos tienen un tamaño de 6,2 mm. Esta lámina ya preparada se coloca en la colmena. Las obreras llenan esas celdillas con larvas de zángano. Tenemos un panal completo de zánganos. En ese momento la varroa ataca, se introducen en estas celdillas y prácticamente tienes todas las varroas de la colmena en un solo panal. Sólo tienes que extraerlo y eliminarlo. Puedes quemarlo, no cuenta o si tienes gallinas, dejar que estas se coman los ácaros, que además les encantan. De esa manera, no eliminas la infección pero reduces la carga de abejas infectadas, que no es poco. Los ácaros que ya están encima de las abejas son casi imposibles de eliminar ya que los productos no llegan bien hasta el parásito y no los eliminan. Nos cuenta que la duración de los tratamientos debe ser larga, al menos ciclos de 6 u 8 semanas durante los cuales han nacido ya dos generaciones de abejas. Pero estos tratamientos largos son la única manera de acabar o controlar a este ácaro.

A continuación le preguntamos sobre si le consta que la varroa, como ocurre con otros parásitos, está desarrollando resistencia a los tratamientos. Nos responde sin dudar afirmativamente y que a esto se suma que están aprendiendo a defenderse. Nos aclara que si bien antes la varroa se ponía sobre el torso de la abeja ahora se esconden en los anillos del abdomen, cubiertos en parte por estos y de esa manera es imposible que los tratamientos, como el oxálico que actúa por contacto, sean efectivos.

Con respecto a este tema le preguntamos si la varroa oficialmente se ha extendido a nivel mundial. Nuevamente nos contesta con una afirmación. El único lugar que se encontraba libre del ácaro que era Australia comenzó a verse afectado el 2023. En un principio decidieron eliminar las colmenas que fueran infectadas. Llegaron a quemar 6.000–7.000 colmenas. A los 8 meses se rindieron porque de continuar por ese camino se quedarían sin colmenas. El problema es que la varroa además de a las abejas domésticas atacaba a las silvestres que extendían la infección porque al posarse la abeja infectada en una flor, el ácaro se posa y espera la llegada de una nueva abeja a la que infectar. Además, cuando muere una colonia, quedan recursos en la colmena y abejas de otras colonias se introducen para aprovecharlos y como extra se llevan ácaros que esperaban allí.

Dejando atrás este complicado y preocupante tema le preguntamos sobre la próxima cosecha y cómo se presenta. Responde con un *"muy mal"* muy expresivo. Continúa explicando que además de los destrozos causados por el incendio, la escasez de precipitaciones que ya venía de atrás se suman para lograr una floración muy escasa. De todas maneras, nos comenta, durante los últimos 3 años la producción ha sufrido una caída de más o menos el 60%. Según su apreciación ya no existen los ciclos naturales habituales, que están cambiando. Las plantas florecen fuera de la época habitual. Que ya no hay un invierno y verano claros. Las plantas florecen guiadas por la temperatura, independientemente de la época del año. Sin embargo, las abejas rigen el inicio y fin de su actividad por las horas de luz que no han variado. Por esto, cuando las abejas están en plena actividad, puede ocurrir que no haya flores disponibles y que estas estén cuando las abejas hibernan. En relación con las plantas, habla del estrés hídrico que estas sufren. A causa de este, florecen durante muy poco tiempo, lo justo para fertilizar unas pocas semillas que aseguren la supervivencia y se cierran con rapidez además de producir poco néctar. Las abejas no consiguen el alimento suficiente para su mantenimiento y mucho menos para producir reservas abundantes que el apicultor pueda cosechar.

Le consultamos sobre la existencia de ayudas gubernamentales ante esta escasez. Nos contesta que sí que existen, pero que son insuficientes.

Nuestra última pregunta gira en torno al relevo generacional. Si está garantizado. No responde diciendo que es complicado. "Es evidente que si la actividad no es rentable, no resulta atractiva. Teniendo en cuenta que las colmenas dan mucho trabajo, es algo que tiene que gustar. Es muy difícil vivir de ellas", nos asegura. Hay que sumar a esto que cada vez hay menos lugares donde esté permitido establecer asientos de colmenas. La presión urbanística, turística y los espacios naturales con legislación muy restrictiva que ni tan siquiera permite el desarrollo de una actividad tan sostenible como la apícola va dejando pocos rincones dónde realizar la actividad.

Agradeciendo a Pablo el tiempo que nos ha dedicado, su amabilidad y la información facilitada nos despedimos.

ABEJAS SILVESTRES DE LAS MEDIANÍAS DE ARAFO

Abeja de la miel (*Apis mellifera*). Foto: autores.

Aunque todos conocen la abeja de la miel (*Apis mellifera*), que es una especie doméstica e introducida en Canarias, lo cierto es que en las medianías de Arafo habita una diversidad de especies de abejas silvestres, muchas de ellas endémicas de Canarias. La inmensa mayoría de estas abejas, a diferencia de la abeja melífera, no crían en colonias, sino que nidifican de forma solitaria. Esto significa que cada abeja construye y abastece de néctar y polen su propio nido, normalmente bajo tierra, aunque hay especies que nidifican en el interior de tallos o en huecos en la madera. Hay incluso algunas especies, llamadas abejas cuco, que no construyen nidos,sino que ponen sus huevos en los nidos de otras especies.

Abejón de culo blanco (*Bombus terrestris* subsp. *canariensis*). Foto: autores.

Una de las abejas silvestres más conocidas, el abejón del culo blanco (*Bombus terrestris* subsp.*canariensis*) es de las pocas especies que nidifica en colonias, que se ubican habitualmente en huecos en el suelo, entre rocas o en la base de troncos de árboles. El abejón es más abundante en barrancos con vegetación abundante y visita una gran diversidad de plantas, por lo que es uno de los polinizadores más importantes. Tanto la abeja de la miel como el abejón del culo blanco pertenecen a una familia de abejas conocida como "ápidos".

Otras especies silvestres endémicas dentro de esta familia, frecuentes en las medianías de Arafo, son *Anthophora alluaudi*, *Eucera gracilipes* y *Amegilla canifrons*, que tienen preferencia por plantas como los tajinastes, las tederas, las lavandas o las salvias. También a esta familia pertenecen *Eucera hohmanni*, una pequeña abeja altamente especializada en las flores de malpicas y madamas, y *Melecta curvispina*, una abeja cuco que pone sus huevos en los nidos de la mencionada *Anthophora alluaudi*.

Anthophora alluaudi, visitando corazoncillo.

Eucera gracilipes, sobre flor de cerraja.

Eucera hohmanni, sobre flor de dama (*Allagopappus dichotomus*).

Melecta curvispina, sobre malva risco (*Lavatera acerifolia*).

Otra familia de abejas es la de los "megaquílidos" que significa "mandíbulas grandes". Las especies de esta familia se caracterizan porque las hembras recolectan el polen debajo del abdomen, a diferencia del resto de especies que lo hacen en las patas traseras.

Pseudoanthidium canariense visitando flores del cabezón de Añavingo (*Cheirolophus metlesicsii*). Foto: autores.

Destaca la pequeña abeja endémica *Pseudoanthidium canariense*, de llamativo color rojo y negro, que suele verse en las flores de cardos, incluyendo el cabezón de Añavingo. También son habituales en cardos, así como en magarsas y cerrajones, las especies *Osmia niveata* y *Osmia latreillei*, que hacen sus nidos en túneles excavados en la madera. Otra especie de este género, *Osmia submicans*, prefiere en cambio las flores de plantas leguminosas como corazoncillos, escobones y codesos.

La familia de los "halíctidos" incluye especies de abejas de pequeño tamaño, cuerpo alargado y colores metálicos brillantes. Las más frecuentes en las medianías de Arafo son las endémicas *Lasioglossum viride* y *Lasioglossum loetum*. Ambas especies suelen ser bastante numerosas y tienen la capacidad de explotar una enorme variedad de plantas, por lo que son muy importantes como polinizadoras. La especie de mayor tamaño de esta familia es *Halictus fulvipes*, que tiene preferencia por las flores de cardos, malpicas, cerrajas o rosalitos.

Osmia submicans. Foto: autores.

Osmia niveata visitando flores del cabezón de Añavingo. Foto: autores.

Lasioglossum viride sobre flores de una umbelífera. Foto: autores.

Los "andrénidos" son otra familia de abejas que, a diferencia de la mayoría de especies, no les gusta el calor, por lo que solo vuelan en los meses de invierno a primavera, desapareciendo hasta el siguiente año a partir del verano. Entre las más comunes se encuentran *Andrena vulcana*, muy similar en aspecto a la abeja de la miel; *Andrena chalcogastra*, que vive exclusivamente en zonas de pinar y cumbre, donde visita preferentemente flores de leguminosas como retamas, escobones y corazoncillos; y *Andrena acuta*, que es la más pequeña, y que prefiere las flores de relinchones, cerrajas o magarzas.

Finalmente, dentro de la familia de los "colétidos" encontramos en las medianías de Arafo dos especies de abejas endémicas de aspecto completamente diferente. *Colletes dimidiatus*, es de mayor tamaño, y tiene el clásico aspecto de abeja, con el abdomen negro con rayas blancas; se puede ver sobre todo en flores de bejeques, retamas o rosalitos. *Hylaeus hohmanni*, en cambio, es una de las especies de abeja más pequeñas, de color negro y sin pelos. Además, no recoge polen en el exterior del cuerpo, como la mayoría de las abejas, sino que lo transporta en el interior del estómago. Solo vuela en primavera, siendo las tabaibas una de las plantas que visita con más frecuencia.

Gustavo Peña
Biólogo

ACTUALIDAD

Casa de la miel Arafo

Situada en el Camino Los Loros en la parte superior de la parcela de la Bodega Comarcal, en el Km 4.5 de la Carretera Tf 523. Este lugar fue el señalado para ubicar no sólo la Casa de la Miel, sino además la Casa Del Queso con lo que se reunía en un sólo sitio a tres de los grandes productos de la Villa de Arafo y de la comarca. Este ambicioso proyecto, sin embargo, ha sufrido una considerable demora por diversos motivos. No consta que se está trabajando para poder poner en marcha todo el complejo lo antes posible.

Con respecto a lo que nos ocupa, la Casa de la Miel, contará con zonas de extracción y envasado que podrán ser utilizada por los apicultores de la comarca y que serán dotadas siguiendo las especificaciones de APITEN para que reúnan las debidas condiciones para las tareas a las que van a ser destinadas. También dispondrá de locales que serán dedicados a diversos usos como los administrativos así como los aseos necesarios.

Por nuestra parte y aunque en la memoria del proyecto no se especifique, esperamos que uno de los locales sea preparado como punto de venta al público. De ser así, en el mismo si sus dimensiones lo permiten, o en uno anexo, podría ponerse una pequeña exposición de corchos tradicionales y herramientas o quizá una proyección que cuente a los visitantes cómo se cosecha la miel desde la antigüedad hasta nuestros días, especialmente centrado en la

Casa de la miel, Arafo.

villa arafera y la comarca del Valle de Güímar. Algún tipo de información para el visitante que se acerque a La Casa de la Miel para degustar las distintas y deliciosas variedades que se producen en el valle.

Sin duda, este proyecto podrá atraer a un buen número de visitantes, de fuera o de dentro de nuestras fronteras, que descubrirán que este valle y más concretamente el municipio de Arafo, encierran grandes riquezas, en este caso gastronómicas, que merecen ser conocidas y disfrutadas. Y ¿por qué no? despertar la curiosidad para descubrir otros muchos de los tesoros que encierra esta Villa y la comarca, la belleza del entorno, la enorme riqueza botánica del territorio con especies únicas y raras, la diversidad de fauna que encierra de la que ya hemos hablado, por ejemplo, de las variedades existentes de abejas, los tesoros etnográficos que esconde junto a la amabilidad de sus habitantes. En fin, todo lo que esta comarca puede ofrecer a propios y extraños que quieran descubrirlo.

Exposición de Pilar Fariña Albertos

Exposición de Pilar Fariña Albertos (aspecto parcial). Foto: autores.

Sirva como ejemplo de iniciativa privada de recuperación, conservación y puesta en valor de una parte muy importante de la etnografía y costumbres la llevada a cabo por Dª Pilar Fariña Albertos en la antigua vivienda familiar.

Realizada exclusivamente por sus propios medios, sin contar con ninguna fuente externa de financiación, Pilar ha creado esta curiosa exposición con las herramientas, corchos y demás utensilios que conserva de su padre.

Para llevarlo a cabo ha acondicionado una habitación en la casa de su padre conocida como la "Casa del Abuelo", en la calle de Eduardo Curbelo Fariña nº17, en la que ha reunido, como hemos indicado, varios corchos tradicionales de los que en su día utilizó su padre, los mejor conservados, además de diversas herramientas como por ejemplo, la estralla fabricada por D. José, diversas castradoras, un zurrón de cabra, el ahumador, vestimenta y capirote, etc.

En varios lugares también se pueden ver tarros que contienen la miel que en su día produjeron las abejas de D. José. Quienes tengan la oportunidad de conocerlo también podrán contemplar bastidores con restos de la cera de los panales. Es un rincón lleno de pequeños detalles que merece la pena ser visitado.

Exposición de Pilar Fariña Albertos (aspecto parcial). Foto: autores.

Nos parece sin duda una iniciativa muy interesante. Un modo de recuperar y proteger un pasado no tan lejano. Es evidente que debemos avanzar y que también en la apicultura es importante renovarse, buscar la manera de ser más productivos y por qué no, realizar un menor esfuerzo. Pero esto no significa que debamos desechar y olvidar el pasado. Todo lo contrario, hemos de conservarlo para que las futuras generaciones lo conozcan.

CANTO A LA NATURALEZA

El jueves 26 de octubre de 2023 visitamos por segunda vez a Pilar. Nuevamente nos recibió con amabilidad. Durante nuestra primera visita nos había enseñado una poesía de su padre. Esa primera lectura nos había conmovido. Nos pareció que resumía perfectamente la filosofía de vida de D. José. Un hombre respetuoso con la naturaleza, que supo apreciarla en todo su esplendor.

En cierta manera nos parece que igualmente engloba un sentimiento común a todos los colmeneros que hemos tenido el privilegio de conocer durante la elaboración de este libro. Personas que viven y trabajan al ritmo que marca la naturaleza. Que desarrollan una labor sostenible y muy beneficiosa. Respetuosos con el medio.

Todo esto nos llevó a hablar con ella para que nos diera permiso para publicar dicha poesía a modo de perfecto epílogo con el que cerrar esta publicación. Dª. Pilar se mostró de acuerdo con la idea y nos facilitó el original que guarda con cariño y que nosotros reproducimos a continuación.

Canto al Sol, canto a la Luna
al viento, a la lluvia, al mar
a la paz de los desiertos
a la tierra que florece
y hasta las nieves perpetuas
que un día se fundirán.

Qué bella Naturaleza
si la queremos mirar.
Al goteo de una fuente
que va formando un arroyo
que cuando llegue a ser río
morirá endulzando el mar.

Desde aquel pequeño insecto,
la semilla que germina
ese jilguero que pia
porque no sabe cantar.

El mundo va dando vueltas
y un día no dará más,
la pura y blanca azucena
al perfume del jazmín
al pétalo de la rosa
a la orquídea y su erotismo
y aquella humilde violeta
que pasamos sin mirar.

Un volcán que se despierta
haciendo vibrar la Tierra
el veneno de la cobra
la gran fuerza de la boa
la fiereza del león
la de la débil gacela
que nunca supo saltar.

El cantar de un ruiseñor
que antes de nacer el día
es un deleite escuchar
y una tormenta retumba
con sus rayos sin cesar.
Equinoccios y solsticios,
brotes, capullos y flores,
lluvias, mieses doradas,
calores, frutas maduras,
sol, aires frescos y sudores,
hojas que se van cayendo,
golondrinas que se van,
escarchas, copos de nieve,
un tiempo que va pasando
y que nunca volverá.

Aquél añoso ciprés
que marca su rumbo al cielo
dando su sombra a un sepulcro
que nunca se moverá

Sobrecoge un terremoto,
el incendio es pavoroso
y horrible es un maremoto,
siempre que salta a la tierra
la devora sin piedad.

Un cactus que se defiende
coronándose de espinas
sospechando que su vida
la tiene que conservar.

El zumbar de unas abejas
que acompañan al enjambre
cruzando montes y valles
sin saber a dónde van.

Un cerezo que florece
ignorando que sus frutos
se los van a devorar.

Y esos dragos milenarios
que arrastran cual maldición
que al dar su primera flor
empiezan a envejecer.

Si los ríos fueran tinta
y la mar fuera un papel
¿Dónde encontrar un pupitre
para poder escribir
las maravillas tan grandes
que el hombre no puede ver?

José Luis Fariña Marrero

AGRADECIMIENTOS

Este libro jamás habría visto la luz sin la colaboración del Excelentísimo Ayuntamiento de la Villa de Arafo que desde un primer momento se sumó a esta iniciativa facilitando enormemente nuestro trabajo. Hay que destacar la gran labor que el Ayuntamiento de la Villa de Arafo está realizando para impulsar este tipo de iniciativas apoyando los trabajos de investigación, recuperación y conservación de su patrimonio.

Nuestro más sincero agradecimiento también para el Ecomuseo de Bicorp, por las imágenes e información de la pintura rupestre "La recolectora de miel"; así como a Elisa Castel, de la Asociación Española de Egiptología que nos facilitó tanto imágenes como información del desarrollo de la apicultura en el antiguo Egipto. Ambas contribuciones han sido fundamentales para ayudarnos a ilustrar la dilatada relación de la humanidad con las abejas.

Pero no sólo hemos recibido el apoyo del Ayuntamiento y de las dos entidades mencionadas, también el de muchas personas de la Villa sin las cuales este estudio en la práctica habría sido imposible de realizar. Nuestro más sincero y profundo agradecimiento a quienes de manera totalmente desinteresada nos han facilitado cuanta información podíamos necesitar; además de compartir con nosotros sus conocimientos, vivencias y recuerdos.

Dª. Carmen Gabino Curbelo viuda de D. Nicolás Sosa Rodríguez

D. Febe Fariña Pestano (Cronista oficial de Arafo)

D. Fernando Mesa Fariña (Nando)

D. Francisco González Ortega

D. Gustavo Peña (Biólogo)

Dª. Luisa Fariña Rodríguez

Dª. Nazaret Fariña Alonso (Archivo Municipal de Arafo)

D. Nicolás Santana de la Rosa

D. Pablo Batista Flores

D. Pablo J. Pestano Gabino (Presidente de APITEN)

Dª. Pilar Fariña Albertos

D. Ricardo Rodríguez Fariña

D. Roberto Rodríguez Coello

GLOSARIO

Abeja negra: raza de abeja (*Apis mellifera*) presente en Canarias y otras zonas cercanas (Marruecos, Madeira,..).

Ahumador: Pequeño artilugio donde se produce humo que se utiliza para apaciguar a las abejas durante la castración u otras operaciones.

Apicultor: criador de abejas.

Asiento: lugar preparado rústicamente para la colocación de las colmenas.

Biberones: preparados líquidos, azucarados, para alimentar a las abejas en épocas de escasez de recursos naturales.

Burra: estructura con metal o madera para colocar las colmenas separándolas del suelo.

Cacuminal: En botánica se refiere a la cumbre de los montes.

Capirote: artefacto a modo de sombrero, fabricado usando mallas o sacos, para protección frente a picaduras.

Castración: actividad para la extracción de panales para la obtención de miel y cera.

Cepillo: artefacto con cerdas largas para "barrer" las abejas de los panales.

Cera: producto obtenido de las colmenas después de retirar la miel.

Colmena: artefacto donde se instalan las abejas elaborados a partir de troncos ahuecados o fabricados con tablas.

Colmena americana: colmena construida con madera y metal, en unidades superponibles, de fácil manejo.

Colmenar: lugar donde se instalan varias colmenas; corresponde a un asiento.

Colmenero: equivalente a apicultor que trabaja en el mantenimiento de colmenas y en la extracción de sus productos.

Corcho: cualquier tipo de colmena elaborada a partir de troncos ahuecados o usando la base de los escapos florales de las piteras. En su origen se usaba la corteza de los alcornoques.

Crucetas: equivalente a tranquillas.

Cuchillo: artefacto de hoja larga utilizado en las labores de castración.

Enjambre: grupo de abejas que abandona, con su reina correspondiente, una colmena.

Estralla: artefacto de dos piezas de madera, articuladas, para ayudar en la extracción de cera.

Jabardo: equivalente a un enjambre que abandona una colmena.

Jalea real: producto elaborado por las abejas obreras para alimentar a la reina y las crías destinadas a reina, en los panales.

Melaza: líquido procedente de la caña de azúcar o la remolacha azucarera

Meloja: líquido dulce elaborado con los restos de los panales después de extraerles la miel.

Melozar o Melosar: zona de Arafo de fértiles tierras arrasada por las coladas del volcán de 1705, palabra no registrada en el diccionario de la real academia de la lengua ni en los diccionarios canarios. Podría estar relacionada con una variedad de uva (melosa), las melazas de los ingenios o corresponder a una zona donde abundan plantas que segregan sustancias (melosas) y por tanto, melíferas.

Mestriles: celdas de los panales dedicadas a la cría de abejas reinas.

Miel: producto elaborado por las abejas, depositado en panales.

Mil flores, miel de: miel elaborada por abejas que visitan plantas muy diversas.

Monofloral: miel elaborada en lugares donde predomina un tipo de flor (castaño, aguacate, barrilla,..)

Moñico: excremento de burro utilizado en el ahumador, para provocar humo.

Obrera: tipo de abeja recolectora de néctar que abunda en las colmenas.

Panal: conjunto de celdillas de carca construidas por las abejas donde depositan la miel.

Piojillo: insecto (ácaro) parásito de las abejas a las que puede causar gran mortandad. Forma popular de nombrar a la varroa.

Polen: granos producidos en las anteras (parte masculina de una flor) recolectados por las abejas.

Propóleo: producto elaborado por las abejas a partir de resinas o exudados de árboles y plantas usado para sellar las colmenas.

Reina: tipo de abeja, de la que solo hay una por colmena, encargada de la puesta de huevos.

Soriño: líquido (suero) derivado de la preparación de los quesos.

Témpano: cubierta, elaborada de diversos elementos, que protege al corcho de lluvias y frío. Normalmente sujetada con una piedra grande.

Timol: producto elaborado para el tratamiento de la varrosis. Se encuentra de forma natural en el tomillo y el orégano.

Tranquillas: varillas finas de madera que dispuestas en cruz se fijan al interior de los corchos para ayudar a formar los panales.

Trashumancia: traslado de colmenas a diferentes alturas para aprovechar las distintas épocas de floración.

Varroa, verroa: ácaro parásito de abejas nombrado normalmente como piojillo.

Varroosis: enfermedad producida por la varroa o piojillo.

Zángano: tipo de abeja macho con la misión de fecundar a la reina.

Zurrón: envase elaborado a partir de la piel entera de una cabra o cabrito

Topónimos

Abarso, Lomo
Acebe, Roque
Amance, Bco. de
Añavingo
Arenas, Volcán de Las
Arenitas, Las
Ayesa
Ayosa
Barranco La Piedra
Bijache
Boca Barranco
Cambado, Lomo
Canal Alta
Castellanos, Degollada de Los
Charca, La
Cho Marcial, Pico de
Corchos, Los
Corral de Los Lucas
Crucita, La
Dornajos, Los
Frailes, Los
Frontón
Gambuesas, Bco.

Guadameña
Ijeque
Izaña
Lajial
Lomo Cambado
Llano La Rosa
Llanos del Naranjo
Llano Maja
Lomo del Agua
Mal Abrigo
Melosar
Mocanal, El
Negrita, La
Pedro Gil, Caldera de
Pico, El
Piedra, Bco.de la
Ravelo
Roque Cha Frasquita
Siete Lomas
Tapia, La

Abreviaturas

AHPLP	Archivo Histórico Provincial Las Palmas
APITEN	Asociación de Apicultores de Tenerife
dho.	dicho
D.O.	Denominación de origen
EPIs	Equipos de protección individuales
f.	Fanegada
ICONA	Instituto para la Conservación de la Naturaleza
Ma	Millones de años
mrs	Maravedíes. Antigua moneda
msnm	Metros sobre nivel del mar
q.	Que
SEPRONA	Servicio de Protección de la Naturaleza
vº	Vecino

Nombres vulgares y científicos citados en el texto

Plantas

Acebiño	*Ilex canariensis*
Aguacatero	*Persea gratissima*
Albaricoquero	*Prunus armeniaca*
Alcornoque	*Quercus suber*
Alhelí	*Erysimum scoparium*
Almendro	*Prunus dulcis*
Amagante	*Cistus symphytifolius*
Amapola de California	*Scholtzia californica*
Balillo	*Sonchus microcarpus*
Bejeque	*Aeonium* spp. (varias especies)
Cabezón de Añavingo	*Cheirolophus metlesicsii*
Cabezote	*Carlina salicifolia*
Cañaheja	*Ferula linkii*
Cañaheja blanca	*Athamanta montana*
Cardo Cristo	*Carlina salicifolia*
Cardo risco	*Carlina salicifolia*
Castaño	*Castanea sativa*
Cerrajón	*Sonchus acaulis*
Cerrajuda	*Smilax aspera*
Chahorra	*Sideritis teneriffae*
Ciruelo	*Prunus domestica*
Codeso	*Adenocarpus viscosus*
Cruzadilla	*Hypericum reflexum*
Drago	*Dracaena draco*
Encina	*Quercus ilex*
Escobón	*Chamaecytisus proliferus* subesp. *angustifolius*
Esparraguera	*Asparagus umbellatus*
Eucalipto	*Eucalyptus globulus*
Fistulera	*Scrophularia glabrata*
Gamona	*Asphodelus ramosus*
Higuera	*Ficus carica*
Jara, jaguarzo	*Cistus monspeliensis*

Lavanda, hierba risco	*Lavandula canariensis*
Madama	*Allagopappus dichotomus*
Magarsa	*Argyranthemum* spp.
Malpica	*Carlina salicifolia*
Naranjo	*Citrus aurantium*
Nevadilla	*Paronychia canariensis*
Pajonera	*Descurainia millefolia*
Palmera canaria	*Phoenix canariensis*
Papaya	*Carica papaya*
Pimentero	*Schinus molle*
Pino canario	*Pinus canariensis*
Pitera	*Agave americana*
Poleo de perro	*Bystropogon canariensis*
Poleo	*Bystropogon origanifolius*
Poleo peludo	*Bystropogon plumosus*
Retama amarilla	*Teline spachiana*
Retama del Teide	*Spartocytisus supranubius*
Rosalito de cumbre	*Pterocephalus lasiospermus*
Salvia	*Salvia canariensis* var. *albiflora*
Tabaiba amarga	*Euphorbia lamarckii*
Tajinaste	*Echium virescens* var. *angustissimum*
Tomillo	*Micromeria hyssopifolia*
Torvisca	*Daphne gnidium*
Tunera	*Opuntia ficus-indica*
Verol	*Aeonium* spp. *(holochrysum, smithii,..)*
Vinagrera	*Rumex lunaria*
Zarza	*Rubus ulmifolius*

Animales

Abeja	*Apis mellifera*
Abeja negra	*Apis mellifera* "canariensis"
Abejón de culo blanco	*Bombus terrestris* subsp. *canariensis*
Andoriña	*Apus unicolor*
Lagarto	*Gallotia galloti*

BIBLIOGRAFÍA Y RECURSOS ELECTRÓNICOS

-ÁLVAREZ DELGADO, J.: Las "Islas Afortunadas" en Plinio. *Revista de Historia Canaria*, XI: 26-61. 1945.

-Archivo Histórico Provincial de Santa Cruz de Tenerife (AHPT)

-Archivo Municipal de San Cristóbal de la Laguna (AMLL)

-BETHENCOURT ALFONSO, J.: *HISTORIA DEL PUEBLO GUANCHE.* Su origen, caracteres etnológicos, históricos y lingüísticos. (Tomo II). Francisco Lemus Editor. La Laguna. Edición anotada por: Manuel A. Fariña Gonzalez. ISBN: 84-87973-05-1.1991.

-CARRACEDO, J.C. & V.R. TROLL.*Geología de las Islas Canarias II.* Ed. Rueda SL. 2023.

-CORRALES C. & D. CORBELLA. *Diccionario Histórico del Español de Canarias.* Instituto de Estudios Canarios. La Laguna. 2001.

-FARIÑA PESTANO, F. 2004. *Historia de Arafo.* Ayuntamiento de Arafo, Santa Cruz de Tenerife. ISBN 84-606-3636-4. 2004.

-FRUTUOSO, G. *Descripción de las islas Canarias.*Trad. P.N. Leal Cruz. Centro de la Cultura Popular Canaria, con la colaboración de los Cabildos de La Palma, Lanzarote y Fuerteventura. 2004.

-GLAS, G.: *Descripción de las Islas Canarias.*Trad. de C. Aznar Acevedo. Fontes Rerum Canariarum XX. Instituto de Estudios Canarios- Caja Canarias. 1764.

-GÓMEZ GÓMEZ, M. A.: *El Valle de Güímar en el siglo XVI. Protocolos de Sancho de Urtarte.* Editores: Güímar: Ayuntamiento de Güímar, Comisión 5 Siglos. ISBN: 84-923966-5-2A. 2000.

-GRAFCAN (Cartográfica de Canarias S.A)

-MARTÍN HERNÁNDEZ, U. & LORENZO PERERA, M. J.: *Los colmeneros historia y tradición de la apicultura en Tenerife.* Casa de La Miel. ISBN: 84-87340-77-6. 2005.

-MILLARES TORRES AGUSTÍN. *Historia general de las islas Canarias.* Tomo primero, pág. 266. Ed. Imprenta La Verdad. 1893

-MONTES NIETO, M.: La abeja y las escenas de la apicultura en el antiguo Egipto: concepción, desarrollo y evolución. *Boletín de la Asociación Española de Egiptología*, nº 23, págs 157-220, ISSN: 1331-6780. 2014.

-PERAZA DE AYALA, J.: *Las ordenanzas de Tenerife.* Aula de Cultura de Tenerife. 1976.

-RSEAPT Real Sociedad Económica de Amigos del País de Tenerife. *Padrones de habitantes*. Contiene los padrones de las siguientes poblaciones: La Laguna, Tacoronte, Valle de Guerra, Tejina, La Punta, Adeje, Arico (incluye Fasnia), Buenavista, Candelaria (incluye Arafo), La Guancha e Higa (La Orotava) 1777-1780 264 folios.

-SCHENCKE, C., VÁZQUEZ, B., SANDOVAL, C. & DEL SOL, M. El rol de la miel en procesos morfofisiológicos de la reparación de las heridas. *International Journal of Morphology* págs.: 385-395. 2016
https://www.scielo.cl/scielo.php?script=sci_serial&pid=0717-9502&lng=es&nrm=iso

-SERRA RAFOLS, E.: *Las datas de Tenerife (libros I al V de datas originales)*. Fontes Rerum Canariarum XII. Instituto de Estudios Canarios. La Laguna. 1978.

-TRINIDAD ARCOS PEREIRA. En los confines del mundo Canarias en la antigüedad. Bierehite 2019, nº 2, pp 35-88
https://www.museosdetenerife.org/mha-museo-de-historia-y-antropologia/wp-content/uploads/sites/4/2020/12/Bierehite2019_03.pdf

-VILLA Y LÓPEZ, A. Apicultura moderna en la escuela. *Escuela Azul. Orientación y Doctrina*. Pág. 2.1940.

-VV. AA. Los primeros faraones. *National Geographic Historia Volumen I:* Págs. 68-69. National Geographic Society 2013 RBA Ed. MACROLIBROS (Valladolid). ISBN: 978-84-473-7595-0. 2013.

-Blog Aula de Historia
https://auladehistoria.org/comentario-cueva-la-arana-bicorp/

-Biblioteca virtual Miguel de Cervantes
https://www.cervantesvirtual.com/obra-visor/tras-la-senda-de-la-miel/html/

-FRAN NAVARRO. Muy Interesante. 9/02/2024.
https://www.muyinteresante.com/historia/35167.html

https://www.tiendalosmolinos.com/la-historia-de-la-miel-su-recorrido-a-lo-largo-de-los-anos/

https://www.apicolamontegayubar.com/blog/historia-miel/

https://www.casadelamiel.org/sites/default/files/abeja-negra-canaria.pdf